중학수학
절대강자 2·1

최상위

대한민국 수학학력평가의 개념이 바뀝니다.

KMA
한국수학학력평가

자세한 내용은 KMA 한국수학학력평가 홈페이지에서 확인하세요.

KMA 한국수학학력평가 홈페이지 바로가기 www.kma-e.com

N   KMA 한국수학학력평가

주 최 | 한국수학학력평가 연구원   주 관 | ㈜에듀왕   후 원 | 왕수학 연구소, 에듀왕 서포터즈

중학수학

절대강자

특목에 강하다! 경시에 강하다!

최상위

2·1

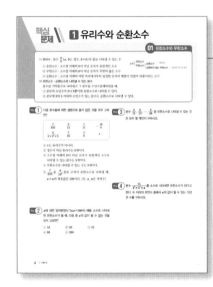

핵심문제

중단원의 핵심 내용을 요약한 뒤 각 단원에 직접
연관된 정통적인 문제와 원리를 묻는 문제들로
구성되었습니다.

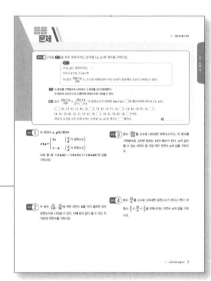

응용문제

핵심문제와 연계되는 단원의 대표 유형 문제를
뽑아 풀이에 맞게 풀어 본 후, 확인 문제로 대표
적인 유형을 확실하게 정복할 수 있도록 하였습
니다.

심화문제

단원의 교과 내용과 교과서 밖에서 다루어지는
심화 또는 상위 문제들을 폭넓게 다루어 교내의
각종 평가 및 경시대회에 대비하도록 하였습니다.

최상위문제

국내 최고 수준의 고난이도 문제들 특히 문제해결력 수준을 평가할 수 있는 양질의 문제만을 엄선하여 전국 경시대회, 세계수학올림피아드 등 수준 높은 대회에 나가서도 두려움 없이 문제를 풀수 있게 하였습니다.

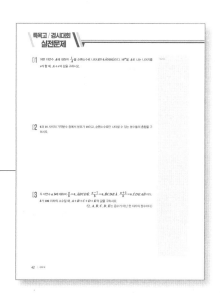

특목고/경시대회 실전문제

특목고 입시 및 경시대회에 대한 기출문제를 비교 분석한 후 꼭 필요한 문제들을 정리하여 풀어봄으로써 실전과 같은 연습을 통해 학생들의 창의적 사고력을 향상시켜 실제 문제에 대비할 수 있게 하였습니다.

1. 이 책은 중등 교육과정에 맞게 교재를 구성하였으며 단계별 학습이 가능하도록 하였습니다.

2. 문제 해결 과정을 통해 원리와 개념을 이해하고 교과서 수준의 문제뿐만 아니라 사고력과 창의력을 필요로 하는 새로운 경향의 문제들까지 폭넓게 다루었습니다.

3. 특목고, 영재고, 최상위 레벨 학생들을 위한 교재이므로 해당 학기 및 학년별 선행 과정을 거친 후 학습을 하는 것이 바람직합니다.

절.대.강.자 최.상.위 Contents 차례

I 수와 식

1 유리수와 순환소수

(1) 유리수 : 분수 $\dfrac{a}{b}$ (a, b는 정수, $b \neq 0$)의 꼴로 나타낼 수 있는 수

　① 유한소수 : 소수점 아래의 0이 아닌 숫자가 유한개인 소수

　② 무한소수 : 소수점 아래의 0이 아닌 숫자가 무한히 많은 소수

　③ 순환소수 : 소수점 아래의 어떤 자리에서부터 일정한 숫자의 배열이 한없이 되풀이되는 소수

소수 ┬ 유한소수
　　 └ 무한소수 ┬ 순환소수 ── 유리수
　　　　　　　　 └ 순환하지 않는 무한소수 ─ 유리수가 아니다

(2) 유한소수·순환소수로 나타낼 수 있는 분수

　분수를 기약분수로 나타내고 그 분모를 소인수분해하였을 때,

　① 분모의 소인수가 2나 5뿐이면 유한소수로 나타낼 수 있다.

　② 분모에 2와 5 이외의 소인수가 있는 분수는 순환소수로 나타낼 수 있다.

핵심 1 다음 분수들에 대한 설명으로 옳지 <u>않은</u> 것을 모두 고르면?

$\dfrac{7}{625}$	$\dfrac{5}{12}$	$\dfrac{7}{11}$	$-\dfrac{18}{6}$
$\dfrac{6}{2\times 3^2 \times 5}$	$\dfrac{7}{25}$	$\dfrac{3}{8}$	π

① π는 유리수가 아니다.

② 정수가 아닌 유리수는 6개이다.

③ 소수점 아래의 0이 아닌 숫자가 유한개인 소수로 나타낼 수 있는 분수는 3개이다.

④ 무한소수로 나타낼 수 있는 수는 3개이다.

⑤ $\dfrac{7}{625}$ 을 $\dfrac{a}{10^n}$ 꼴로 고쳐서 유한소수로 나타낼 때, $a+n$의 최솟값은 120이다. (단, a, n은 자연수)

핵심 2 x에 대한 일차방정식 $7ax=308$의 해를 소수로 나타내면 유한소수가 될 때, 다음 중 a의 값이 될 수 <u>없는</u> 것을 모두 고르면?

① 16　　　② 20　　　③ 33

④ 88　　　⑤ 280

핵심 3 분수 $\dfrac{9}{11}$, $\dfrac{9}{12}$, $\cdots$, $\dfrac{9}{30}$ 중 유한소수로 나타낼 수 있는 것은 모두 몇 개인지 구하시오.

핵심 4 분수 $\dfrac{15}{2^2 \times 5^4 \times a}$ 를 소수로 나타내면 유한소수가 된다고 한다. 두 자리의 자연수 중에서 a의 값이 될 수 있는 가장 큰 수를 구하시오.

예제 1 다음 을 모두 만족시키는 순서쌍 (x, y)의 개수를 구하시오.

> **조건**
>
> ㈎ x, y는 자연수이다.
>
> ㈏ $1 \le x \le 6$, $1 \le y \le 9$
>
> ㈐ 분수 $\dfrac{10x+y}{120}$ 는 소수점 아래의 0이 아닌 숫자가 유한개인 소수로 나타낼 수 있다.

Tip ① 분수를 기약분수로 나타내고 그 분모를 소인수분해한다.
② 분모의 소인수가 2나 5뿐이면 유한소수로 나타낼 수 있다.

풀이 분수 $\dfrac{10x+y}{120} = \dfrac{10x+y}{2^3 \times \square \times 5}$ 가 유한소수가 되려면 $10x+y$는 $\square$의 배수이어야 하므로 (x, y)는

$(\square, 2), (1, 5), (1, 8), (2, \square), (2, 4), (2, 7), (3, \square), (3, 6), (3, 9), (4, \square),$

$(4, 5), (4, 8), (5, 1), (5, 4), (5, \square), (6, 3), (6, 6), (6, \square)$이다.

따라서 조건을 모두 만족시키는 순서쌍 (x, y)의 개수는 $\square$개이다.

답 _____

응용 1 두 자연수 x, y에 대하여

$$x \blacktriangle y = \begin{cases} 2x & \left(\dfrac{x}{y}\text{가 유한소수}\right) \\ x-y & \left(\dfrac{x}{y}\text{가 무한소수}\right) \end{cases}$$

이라 할 때, $(12 \blacktriangle 36) - (19 \blacktriangle 76) + (140 \blacktriangle 60)$의 값을 구하시오.

응용 2 두 분수 $\dfrac{15}{140}$, $\dfrac{14}{90}$에 어떤 자연수 k를 각각 곱하면 모두 유한소수로 나타낼 수 있다. 이때 k의 값이 될 수 있는 두 자리의 자연수를 구하시오.

응용 3 분수 $\dfrac{33a}{450}$를 소수로 나타내면 유한소수이고, 이 분수를 기약분수로 고치면 분자는 12의 배수가 된다. a의 값이 될 수 있는 자연수 중 가장 작은 자연수 a의 값을 구하시오.

응용 4 분수 $\dfrac{22}{a}$를 소수로 나타내면 유한소수가 된다고 한다. 부등식 $\dfrac{6}{5} < \dfrac{22}{a} < \dfrac{3}{2}$을 만족시키는 자연수 a의 값을 구하시오.

02 순환소수를 분수로 나타내기

(1) 순환소수를 분수로 나타내기
  ① 분모 : 순환마디의 숫자의 개수만큼 9를 쓰고 그 뒤에 소수점 아래에서 순환하지 않는 숫자의 개수만큼 0을 쓴다.
  ② 분자 : (전체의 수)−(순환하지 않는 부분의 수)

  예 $a.b\dot{c}\dot{d}=\dfrac{abcd-a}{999}$, $0.a\dot{b}\dot{c}=\dfrac{abc-a}{990}$, $0.ab\dot{c}=\dfrac{abc-ab}{900}$

(2) 순환소수를 포함한 식의 계산
  순환소수의 사칙연산은 순환소수를 분수로 나타내어 계산한다.

핵심 ① 분수 $\dfrac{3}{7}$을 소수로 나타낼 때, 소수점 아래 x번째 자리의 숫자를 $f(x)$라 하자. 다음 중 옳지 <u>않은</u> 것을 모두 고르면?

① $f(3)+f(4)=13$
② $f(10)-f(100)=0$
③ $f(6x)=f(x+6)$
④ $f(k)=3$을 만족시키는 자연수 k가 존재한다.
⑤ $f(1)+f(2)+\cdots+f(25)=112$

핵심 ② $\dfrac{7}{13}$을 소수로 나타낼 때, 소수점 아래 40번째 자리의 숫자를 a, 60번째 자리의 숫자를 b라고 하자. 이때 $0.\dot{a}\dot{b}-0.\dot{b}\dot{a}$의 값을 순환소수로 나타내시오.

핵심 ③ 다음 유리수에 대한 설명 중 옳은 것을 모두 고르시오.

ㄱ. 유리수 중에서 정수 또는 유한소수로 나타낼 수 없는 것은 모두 순환소수로 나타낼 수 있다.
ㄴ. 0이 아닌 모든 유리수는 순환소수로 나타낼 수 있다.
ㄷ. 분모를 10의 거듭제곱의 꼴로 나타낼 수 없는 기약분수는 순환소수로 나타낼 수 있다.
ㄹ. 순환소수의 합은 항상 무한소수이다
ㅁ. 유한소수와 순환소수의 곱은 항상 무한소수이다.

핵심 ④ a가 한 자리의 자연수일 때, 부등식 $\dfrac{5}{12}<0.\dot{a}\le\dfrac{5}{8}$를 만족시키는 모든 자연수 a의 값들의 합은?

① 8   ② 9   ③ 10
④ 12   ⑤ 13

예제 2 다음 표는 공 하나를 180 cm의 높이에서 수직으로 바닥에 떨어뜨렸을 때 공이 다시 튀어 오른 높이를 조사한 것이다. 이때 이 공이 완전히 멈출 때까지 움직인 거리의 합을 구하시오. (단, 공은 위아래로만 움직였고, 공의 크기는 생각하지 않는다.)

n	1	2	3	4	5	⋯
n번 째 튀어 오른 공의 높이(cm)	18	1.8	0.18	0.018	0.0018	⋯

Tip 튀어 오르는 공이 움직이는 거리의 규칙성을 찾고 식으로 표현할 수 있다.

풀이 180 cm의 높이에서 떨어뜨리면

(첫 번째 튀어 오른 공의 높이)$=180 \times \dfrac{1}{10}=18$(cm),

(두 번째 튀어 오른 공의 높이)$=180 \times \dfrac{1}{10^2}=1.8$(cm),

(세 번째 튀어 오른 공의 높이)$=180 \times \dfrac{1}{10^3}=0.18$(cm), ⋯

공은 튀어 올랐다가 다시 바닥으로 내려가는 과정을 반복하므로 공이 움직인 거리의 합은

$180+180 \times \dfrac{1}{10} \times 2+180 \times \dfrac{1}{10^2} \times 2+180 \times \dfrac{1}{10^3} \times 2+\cdots$

$=180+\boxed{} \times (0.1+0.01+0.001+\cdots)=180+\left(\boxed{} \times 0.\dot{1}\right)$

$=180+\left(360 \times \boxed{}\right)=180+\boxed{}=\boxed{}$(cm)

답 _____

응용 1 서로소인 두 자연수 a, b에 대하여

$2.1\dot{9} \times \dfrac{b}{a}=(0.\dot{6})^2$일 때, $a+b$의 최솟값을 구하시오.

응용 2 $0.4\dot{7}=x+\dfrac{1}{90}$일 때, 분수 x를 순환소수로 나타내면 $0.a\dot{b}$이다. $2.b\dot{a} \times A$가 유한소수가 되기 위한 자연수 A 의 최솟값을 구하시오. (단, a, b는 서로 다른 한 자리의 자연수이다.)

응용 3 오른쪽 그림에서
$\angle a : \angle b : \angle c : \angle d$
$=1.\dot{5} : 1 : 0.\dot{5} : 1.\dot{3}$일 때,
$\angle a+\angle b+\angle c-\angle d$의 크기
를 구하시오.

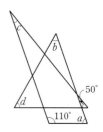

응용 4 소수점 아래 n번째 자리의 숫자가 a_n인 소수 $0.a_1a_2a_3\cdots a_na_{n+1}\cdots$이
$a_1=4$, $a_2=2$,
$a_{n+2}=\{(a_n+a_{n+1})$을 5로 나눈 나머지$\}$
를 만족시킨다고 할 때, 이 소수를 기약분수로 나타내시오.

01 분수 $\dfrac{9 \times A}{390}$와 $\dfrac{15 \times A}{126}$를 소수로 나타내면 모두 유한소수가 된다고 한다. 이를 만족하는 세 자리의 자연수 A의 개수를 구하시오.

02 a, b는 $a > b > 0$인 한 자리의 자연수이고, $0.\dot{a}\dot{b} + 0.\dot{b}\dot{a} = 0.\dot{3}$일 때, $0.\dot{a}\dot{b} - 0.\dot{b}\dot{a}$를 계산하여 순환소수로 나타내시오.

03 두 순환소수의 차 $1.6\dot{6}\dot{0} - 1.\dot{6}6\dot{0}$의 소수점 아래 2000번째 자리의 숫자를 구하시오.

04 a, b, c는 모두 자연수이고, $3 \leq a \leq 8$, $5 \leq c < 10$, $a < b < c$일 때, 세 순환소수 $0.\dot{a}$, $0.0\dot{b}$, $0.00\dot{c}$ 에 대하여 $(0.0\dot{b})^2 = (0.\dot{a}) \times (0.00\dot{c})$가 성립하도록 b의 값을 구하시오.

NOTE

05 어떤 기약분수를 소수로 나타내는 데, 예슬이는 분자를 잘못 보아 $1.208\dot{3}$을 얻었고, 석기는 분모 를 잘못 보아 $1.2\dot{6}$을 얻었다. 처음 기약분수를 순환소수로 바르게 나타내시오.

06 다음 을 만족하는 자연수 a의 값을 모두 구하시오.

조건

$$\frac{1}{9} < 0.\dot{a} \times 0.\dot{a} < \frac{25}{36}$$

07 분수 $\dfrac{A}{840}$ 를 유한소수로 나타낼 때, A가 될 수 있는 가장 작은 자연수를 x라 하고, 분수 $\dfrac{A}{840}$ 를 소수점 아래 첫째 자리부터 순환마디가 시작되는 순환소수로 나타낼 때, A가 될 수 있는 가장 작은 자연수를 y라 하자. 이때, $x+y$의 값을 구하시오.

08 $x=0.\dot{a}$일 때, $1-\dfrac{1}{1+\dfrac{1}{x}}=0.\dot{8}\dot{1}$이다. 한 자리의 자연수 a의 값을 구하시오.

09 순환소수를 분수로 나타내는 과정을 이용하여 $\dfrac{1}{3}+\dfrac{1}{3^2}+\dfrac{1}{3^3}+\dfrac{1}{3^4}+\cdots$을 간단히 하면 기약분수 $\dfrac{y}{x}$로 나타낼 수 있다. 이때 $x+y$의 값을 구하시오.

10 두 수 x, y는 한 자리의 자연수이고, $x < y$이다. $(0.0\dot{x})^2 = 0.\dot{4} \times 0.00\dot{y}$가 성립할 때, $x+y$의 값을 구하시오.

NOTE

11 소수로 나타낼 때, 소수 첫째 자리에서 반올림하면 5가 되는 기약분수 $\dfrac{b}{a}$가 있다. $b = 2a + 10$일 때, $a+b$의 값을 구하시오.

12 기약분수 $\dfrac{b}{a}$에서 $a+b=70$이고 $\dfrac{b}{a}$를 소수로 나타낼 때 소수점 아래 둘째 자리에서 반올림하면 0.6이다. 이때 $10a+b$의 값을 구하시오. (단, $a \neq 0$)

13 $\dfrac{2}{3} < \dfrac{51}{n} < \dfrac{4}{5}$를 만족시키는 분수 $\dfrac{51}{n}$을 유한소수로 나타내려고 한다. 이때 자연수 n의 값이 될 수 있는 수는 모두 몇 개인지 구하시오.

14 순환소수 $1.a\dot{b}$를 분수로 나타내면 $\dfrac{c}{18}$이고, 순환소수 $1.b\dot{a}$를 분수로 나타내면 $\dfrac{7}{6}$일 때, $a+b+c$의 값을 구하시오. (단, a, b는 10보다 작은 자연수이다.)

15 두 자연수 a와 b가 다음 식을 만족시킬 때, $a+b$의 값을 구하시오. (단, b는 10보다 작은 자연수 이다.)

$$\dfrac{a}{810} = 0.\dot{9}b\dot{5}$$

16 상연이네 집 디지털 자물쇠의 비밀번호는 다섯 자리의 수 $ABCDE$이다. 다섯 개의 숫자 A, B, C, D, E는 서로 다른 숫자이고 $A \div B = C.D\dot{E}$를 만족한다. 이때 $A+B+C+D+E$의 값을 구하시오. (단, $A < B$, $E \neq 9$)

NOTE

17 순환소수 $0.2\dot{a}\dot{b}$의 순환마디의 숫자의 위치를 바꾸어 서로 다른 순환소수를 만든 후, 두 순환소수를 더하였더니 유한소수가 되었다. 이때 이를 만족하는 순환소수의 개수를 구하시오. (단, a, b는 한 자리의 자연수이다.)

18 $\dfrac{1323}{9999}$을 소수로 고치면 $0.a_1 a_2 a_3 \cdots$라 하고 좌표평면 위에서 아래와 같은 규칙으로 움직이는 말이 있다고 하자. 이때 50번 이동한 말의 위치를 구하시오.

> 원점에서 출발하여 첫 번째는 x축의 양의 방향으로 a_1만큼 전진하고 다음은 오른쪽으로 $90°$ 회전하여 a_2만큼 전진, 그 다음은 다시 오른쪽으로 $90°$ 회전하여 a_3만큼 전진, $\cdots$

NOTE

01 기약분수 $\dfrac{b}{a \times 111}$를 순환소수로 나타낸 값이 c이다. $(c \times 999.\dot{9} - c)$가 자연수일 때, $(c \times 999.\dot{9} - c)$의 최댓값을 구하시오. (단, a, b는 1보다 크고 10보다 작은 자연수이다.)

02 반지름의 길이가 9인 원 O_1이 있다. 원 O_2의 반지름의 길이는 원 O_1의 반지름의 길이의 $\dfrac{1}{10}$이고, 원 O_3의 반지름의 길이는 원 O_2의 반지름의 길이의 $\dfrac{1}{10}$이다. 이와 같은 과정을 무한 반복하여 생긴 모든 원의 넓이의 합을 구하시오.

03 0.25와 1 사이의 수 중에서 어떤 자연수를 분모에는 곱하고 분자에는 더하여도 그 값이 변하지 않는 기약분수가 있다. 이들 기약분수 중 무한소수인 것은 모두 몇 개인지 구하시오.

04 1보다 작은 기약분수 $\dfrac{17}{x}$ 을 소수로 나타내면 소수점 아래 첫째 자리의 숫자가 8인 유한소수가 된다고 한다. 이때 자연수 x의 값을 구하시오.

05 a, b, c는 모두 자연수이고, $2 \le a \le 4$, $3 \le c \le 9$, $a < b < c$이다. 세 순환소수 $0.\dot{a}$, $0.0\dot{b}$, $0.00\dot{c}$에 대하여

$$(0.0\dot{b})^2 = 0.\dot{a} \times 0.00\dot{c}$$

가 성립할 때, $a+b+c$의 값을 모두 구하시오.

06 한 자리의 자연수 a, b, c, d, e, f에 대하여 $0.\dot{a}\dot{c} + 0.\dot{d}\dot{f} = 1$
$3.a\dot{b}\dot{c} + 2.\dot{d}e\dot{f} = 6$일 때, $a-b+c+d-e+f$의 값을 구하시오.

07 다음을 만족하는 순환소수 $0.\dot{a}b\dot{c}$ 전체의 합을 기약분수 $\dfrac{n}{m}$으로 나타낼 때, $10m+n$의 값을 구하시오.

> a, b, c는 0, 2, 4, 6, 8 중 서로 다른 수

08 a, b는 자연수이고 $40 < a < 50$일 때, 1보다 작은 기약분수 $\dfrac{b}{a}$를 소수로 나타내었더니 소수점 아래 첫째 자리의 숫자는 0, 소수점 아래 둘째 자리의 숫자는 7이었다. 이때 $a+b$의 값을 구하시오.

09 두 자연수 m, n에 대하여 $\dfrac{n}{m}=1.\dot{a}$, $\dfrac{m}{n}=0.\dot{b}\dot{c}$일 때, $a+b+c$의 값을 구하시오.

(단, a, b, c는 서로 다른 한 자리 수이다.)

10 15 이하의 자연수 x, y에 대하여 분수 $\dfrac{x}{2 \times 3 \times 5^2 \times y}$를 유한소수로 나타낼 수 있도록 하는 순서쌍 (x, y)의 개수를 구하시오.

11 두 자연수 a, b로 나타낸 기약분수 $\dfrac{b}{a}$는 소수점 아래 첫째 자리에서 반올림하면 10이 된다. $b - 5a = 100$이고, a는 소수일 때, $a + b$의 값을 구하시오.

12 좌표평면 위의 한 점 A가 원점에서 출발하여 오른쪽으로 $a_1 = 5$만큼, 위로 $a_2 = \dfrac{1}{10}a_1$만큼, 다시 오른쪽으로 $a_3 = \dfrac{1}{10}a_2$만큼, 위로 $a_4 = \dfrac{1}{10}a_3$만큼, 다시 오른쪽으로 $a_5 = \dfrac{1}{10}a_4$만큼, …과 같은 방식으로 끝임없이 움직인다고 할 때, 점 A는 좌표평면 위의 한 점 B에 가까워진다고 한다. 이때 점 B의 좌표를 구하시오.

13 기약분수 $\dfrac{q}{p}$를 소수로 나타냈더니 순환소수 $0.\dot{x}y\dot{z}\,(x<y<z)$가 되었다. 이때 200 이하의 자연수 중 p의 값이 될 수 있는 모든 수의 합을 구하시오.

14 두 분수 $\dfrac{1}{3^n+3^{n+1}+3^{n+2}+3^{n+3}}$과 $\dfrac{1}{4^n+4^{n+1}+4^{n+2}+4^{n+3}}$에 자연수 a를 각각 곱하여 소수로 나타내면 유한소수가 된다고 한다. 이때 이를 만족시키는 자연수 n의 값과 자연수 a의 값을 순서쌍 $(n,\,a)$로 나타낼 때, 순서쌍 $(n,\,a)$의 개수를 구하시오. (단, a는 500 이하의 자연수이다.)

15 두 순환소수 $1.8\dot{1}\dot{4}$와 $0.9\dot{4}\dot{5}$의 곱을 소수로 나타내었을 때, 소수점 아래 a번째 수를 x_a라 하자. 이때, $x_1+x_2+x_3+\cdots+x_{100}$의 값을 구하시오.

16 두 수 a, b는 5 이상 15 미만의 자연수이고, 분수 $\dfrac{b}{a}$는 기약분수이다. $\dfrac{9}{42} \times \dfrac{b}{a}$가 유한소수로 나타내어질 때, 이를 만족하는 분수 $\dfrac{b}{a}$는 모두 몇 개인지 구하시오.

17 다음 조건 을 만족하는 서로 다른 한 자리 자연수 a, b에 대하여 A의 값을 구하시오.

> 조건
>
> $A = 60 \times 0.\dot{a}\dot{b} \times 0.\dot{b}\dot{a}$ (A는 정수이다.)

18 x에 대한 일차방정식 $4(13x+1) = 10a - 1$의 해를 소수로 나타내면 유한소수가 될 때, 이를 만족시키는 자연수 a의 값은 모두 몇 개인지 구하시오. (단, $10 \le a \le 50$)

2 다항식의 계산

$a \neq 0$이고 m, n이 자연수일 때

(1) 지수의 합 : $a^m \times a^n = a^{m+n}$

(2) 지수의 곱 : $(a^m)^n = a^{m \times n}$

(3) 지수의 차

　① $m > n$이면 $a^m \div a^n = a^{m-n}$　　② $m = n$이면 $a^m \div a^n = 1$　　③ $m < n$이면 $a^m \div a^n = \dfrac{1}{a^{n-m}}$

　참고 $a \neq 0$이고 n이 자연수일 때, ① $a^0 = 1$　② $a^{-n} = \dfrac{1}{a^n}$

(4) 지수의 분배 : $(ab)^n = a^n b^n$, $\left(\dfrac{a}{b}\right)^n = \dfrac{a^n}{b^n}$(단, $b \neq 0$)

　참고 공통으로 곱해진 항으로 묶기 $a^{n+1} + a^n = a^n(a+1)$

핵심 1 $4^2 \times 4^2 \times 4^2 = 2^a$, $5^3 + 5^3 + 5^3 + 5^3 + 5^3 = 5^b$, $\{(9^3)^4\}^5 = 3^c$일 때, $a + b + c$의 값을 구하시오.

핵심 2 어떤 생물은 1시간마다 자신을 복제하여 그 수가 2배씩 증가한다고 한다. 이 생물 2마리를 가지고 7시간 동안 관찰한 결과 2^n마리가 되었다고 할 때, 자연수 n의 값을 구하시오.

핵심 3 다음 중 가장 작은 수를 구하시오.

$$2^{60}, \quad 3^{48}, \quad 5^{36}, \quad 7^{24}, \quad 23^{12}$$

핵심 4 다음 중 옳지 <u>않은</u> 것을 모두 고르면?

① $a^5 \div a^8 \times a^2 = a$

② $5^x \div 25^2 = 25$에서 $x = 6$이다.

③ $3^2 = A$라 할 때, $81^3 = A^6$이다.

④ $2^4 \times 3^x = 12^y$을 만족시키는 자연수 x, y에 대하여 $x - y = 1$이다.

⑤ n이 자연수일 때, $(-1)^n \times (-1)^{n+1} \times (-1)^{n+3} \times (-1)^{n+4}$은 항상 1이다.

핵심 5 다음을 읽고, $\ll 3^{15} \gg + \ll 5^{30} \gg - \ll 8^{20} \gg$의 값을 구하시오.

양의 정수 x의 일의 자리의 숫자를 $\ll x \gg$로 나타내면
$\ll 2^1 \gg = 2$, $\ll 2^2 \gg = 4$, $\ll 2^3 \gg = 8$, $\ll 2^4 \gg = 6$,
$\ll 2^5 \gg = 2$, $\ll 2^6 \gg = 4, \cdots$
이므로 2, 4, 8, 6이 반복됨을 알 수 있다.

예제 **1** $5^4 \times 12^3 \times 10^7$은 n자리의 자연수이다. 이때 n의 값을 구하시오.

Tip ① 주어진 식을 밑이 2나 5가 되도록 소인수분해한다.

② 2와 5를 묶어 $a \times 10^n$(a, n은 자연수)의 꼴로 나타낸다.

풀이 $5^4 \times 12^3 \times 10^7 = 5^4 \times (2^2 \times \square)^3 \times 10^7$

$= 5^4 \times 2^6 \times 3^\square \times 10^7$

$= 5^4 \times 2^4 \times (2^2 \times 3^3) \times 10^7$

$= 10^\square \times (2^2 \times 3^3) \times 10^7$

$= \boxed{} \times 10^{11}$

따라서 $108 \times 10^{11} = 10800\underset{11개}{\cdots 00}$이므로 $5^4 \times 12^3 \times 10^7$은 $\square$자리의 자연수이다.

답 _____

응용 **1** 저장 매체의 용량을 나타내는 단위로 **byte**(바이트), **KB**(킬로바이트), **MB**(메가바이트), **GB**(기가바이트) 등이 있다. $1\,\mathbf{GB} = 2^{10}\,\mathbf{MB}$, $1\,\mathbf{MB} = 2^{10}\,\mathbf{KB}$일 때, $40\,\mathbf{GB}$는 $5 \times 2^k\,\mathbf{KB}$이다. 이때 k의 값을 구하시오.

응용 **2** $a = 3^{x+1}$, $b = 7^{x-1}$일 때, 63^x을 a, b에 대한 식으로 나타내면?

① $7ab$ ② $63ab$ ③ $63a^2b$

④ $\dfrac{7}{9}a^2b$ ⑤ $\dfrac{49}{81}a^2b^2$

응용 **3** $(-9)^5 \div (-3)^m = -3^{n-7}$일 때, 자연수 m, n에 대하여 $m+n$의 값을 구하시오. (단, $m < 10$, $n > 7$)

응용 **4** $\dfrac{8^3 + 8^3 + 8^3 + 8^3}{3^5 + 3^5 + 3^5} \times \dfrac{27^3 + 27^3 + 27^3}{4^2 + 4^2 + 4^2 + 4^2}$을 지수법칙을 이용하여 간단하게 나타내면 $A \times 6^B$과 같다. 이때 자연수 A, B에 대하여 $A+B$의 최솟값은?

① 4   ② 6   ③ 8

④ 12   ⑤ 16

응용 **5** 비례식 $3^{x+1} : 4 = 81 : (3^{x-1} + 3^x)$을 만족시키는 자연수 x의 값을 구하시오.

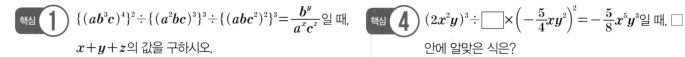

(1) 단항식의 곱셈 : 계수는 계수끼리, 문자는 문자끼리 지수법칙을 이용하여 곱한다.

(2) 단항식의 나눗셈 : 나눗셈을 분수 꼴로 바꾸어 계산하거나 나누는 식을 역수의 곱셈으로 바꾸어 계산한다.

(3) 단항식의 곱셈과 나눗셈의 혼합 계산

　① 괄호가 있으면 먼저 거듭제곱을 계산하여 괄호를 푼다.

　② 나눗셈은 분수 꼴 또는 나누는 식의 역수를 곱하여 곱셈으로 바꾼다.

　③ 계수는 계수끼리, 문자는 문자끼리 계산한다.

핵심 1 $\{(ab^3c)^4\}^2 \div \{(a^2bc)^3\}^3 \div \{(abc^2)^2\}^3 = \dfrac{b^y}{a^xc^z}$ 일 때, $x+y+z$ 의 값을 구하시오.

핵심 4 $(2x^2y)^3 \div \square \times \left(-\dfrac{5}{4}xy^2\right)^2 = -\dfrac{5}{8}x^5y^3$ 일 때, $\square$ 안에 알맞은 식은?

① $-25x^2y^3$ 　② $-20x^3y^4$ 　③ $-5x^6y^2$

④ x^6y^3 　⑤ $25x^2y^4$

핵심 2 다음을 모두 만족시키는 두 다항식 A, B에 대하여 $\dfrac{A}{B}$를 간단히 하시오.

> $A = (-3a^2bc)^2 \times (-4ab^2c)$
>
> $B = \left(\dfrac{-2b^2}{a^3}\right)^3 \div \left(\dfrac{b^3}{a^4}\right)^2$

핵심 5 다음 A, B에 알맞은 식을 각각 구하시오.

> ㈎ $(3x^2y)^3 \div A \times (-4xy)^2 = -36x^5y^3$
>
> ㈏ $4x^2y \div \{(-14x^5y) \div B\} = -\dfrac{2y}{x}$

핵심 3 $a^2b = \dfrac{7}{8}$ 일 때,

$(7a^3b)^2 \times (-3ab^2)^3 \div (-a^5b^4)^2 \div 36a^3b^2$ 의 값을 구하시오.

I 수와 식

예제 2 반지름의 길이가 $6a^4b^3$인 구의 겉넓이와 밑면의 반지름의 길이가 $8a^2b^4$인 원기둥의 옆넓이가 서로 같다고 한다. 이때 원기둥의 부피를 구하시오.

Tip 구의 반지름의 길이가 r일 때, (구의 겉넓이)$=\pi\times(2r)^2=4\pi r^2$, (구의 부피)$=\dfrac{4}{3}\pi r^3$

원기둥의 밑면의 반지름의 길이가 r, 높이가 h일 때, (원기둥의 겉넓이)$=2\pi r^2+2\pi rh$, (원기둥 부피)$=\pi r^2 h$

풀이 ① 구의 겉넓이 구하기

반지름의 길이가 $6a^4b^3$인 구의 겉넓이는 $4\pi\times(6a^4b^3)^2=144\pi a^{\square}b^{\square}$

② 원기둥의 옆넓이 구하기

원기둥의 높이를 h라 하면 원기둥의 옆넓이는 $2\pi\times8a^2b^4\times h=16\pi a^2b^4 h$

③ 원기둥의 높이 구하기

$h=144\pi a^8 b^6\div16\pi a^2 b^4=\boxed{}$

④ 원기둥의 부피 구하기

원기둥의 부피는 $\pi\times(8a^2b^4)^2\times\boxed{}=\boxed{}$

답 _____

응용 1 $2^x=a$, $3^x=b$라 할 때, $\dfrac{1}{16^x}\times36^x\div\dfrac{1}{27^x}$을 a, b에 대한 식으로 나타내면?

① a^2b^3 ② a^3b^6 ③ a^5b^3

④ $\dfrac{b^3}{a^6}$ ⑤ $\dfrac{b^5}{a^2}$

응용 2 $(-3x^2y)^2$에 어떤 식을 곱한 다음 $-2x^2y$로 나누어야 하는데 잘못하여 $(-3x^2y)^2$을 어떤 식으로 나눈 다음 $-2x^2y$를 곱했더니 $3x^3y$가 되었다. 이때 바르게 계산한 답을 구하시오.

응용 3 오른쪽 그림과 같이 $\angle C=90°$인 직각삼각형 **ABC**를 직선 **AC**를 축으로 1회전시킬 때 생기는 입체도형의 부피를 구하시오.

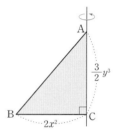

응용 4 $4x^2y^b\times ax^3y^6\div\left(-\dfrac{4}{3}xy^6\right)^2=\dfrac{3x^3}{2y^4}$을 만족시키는 양수 a, b에 대하여

$\dfrac{6a^2}{b}\div\dfrac{3a^2b^3}{2}\times\left(-\dfrac{3}{4}a^2b^3\right)$의 값을 구하시오.

03 다항식의 덧셈과 뺄셈

(1) 다항식의 덧셈 : 괄호를 풀고 동류항끼리 모아서 간단히 한다.

(2) 다항식의 뺄셈 : 빼는 식의 각 항의 부호를 바꾸어 더한다.

(3) 이차식의 덧셈과 뺄셈

　① 이차식 : 다항식의 각 항의 차수 중 가장 높은 차수가 2인 다항식

　② 이차식의 덧셈과 뺄셈 : 괄호를 풀고 동류항끼리 모아서 계산한다.

(4) 여러 가지 괄호가 있는 식

　괄호가 있으면 분배법칙을 이용하여 괄호를 먼저 푼 후 동류항끼리 모아서 간단히 한다.

　이때 (소괄호) ➡ {중괄호} ➡ [대괄호]의 순으로 괄호를 풀어서 계산한다.

**핵심 ① ** $\dfrac{2x-y+z}{2}-\dfrac{x+2y-z}{3}-\dfrac{x-y-2z}{6}$ 를 간단히 한 결과에 대한 발표내용이 옳지 <u>않은</u> 학생을 말하시오.

> 가람 : x의 계수는 $\dfrac{1}{2}$이다.
>
> 나현 : y의 계수는 x의 계수의 -2배와 같다.
>
> 다솔 : x, y, z의 계수의 합은 4이다.

**핵심 ② ** $\dfrac{3}{2}(x-4)-\dfrac{4}{5}(x-a)$ 를 간단히 하면 상수항은 6이고 $2(by-x)+7(4x+3y)$ 를 간단히 하면 y의 계수가 -5일 때, $a+b$의 값을 구하시오. (단, a, b는 상수)

**핵심 ③ ** x에 대한 이차식 A, B에 대하여 A에 x^2+4x-5를 더하면 $6x^2-x+1$이 되고, B에서 x^2+4x-5를 빼면 $-2x^2+x-5$가 된다. $A-B$의 x^2의 계수, x의 계수, 상수항의 합을 구하시오.

**핵심 ④ ** $A=2x^2+3x+1$, $B=\dfrac{1}{2}x^2-4$, $C=x^2-2x+1$이고 $[x]$는 x보다 크지 않은 최대의 정수라 할 때, $[-0.8]A+[2.3]B-[-1.01]C$를 간단히 하시오.

**핵심 ⑤ ** 다항식 A에 대하여 $x^2+[3x^2-\{6x^2-8x+(2x+A)\}-2]$ $=-2x^2+3x+6$일 때, 다항식 $2A=ax^2+bx+c$이다. 이때 $a+b-c$의 값을 구하시오. (단, a, b, c는 상수)

예제 **3** 오른쪽 그림과 같은 전개도로 만든 정육면체에서 마주 보는 면에 쓰여진 두 식의 합이 모두 같을 때, 두 다항식 A, B의 합을 간단히 나타내시오.

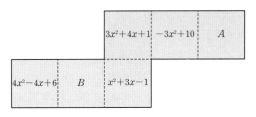

Tip 주어진 전개도로 만든 정육면체에서 서로 마주 보는 면을 알고, 그 면에 쓰여진 다항식의 합을 구할 수 있다.

풀이 전개도로 만든 정육면체에서 마주 보는 면에 쓰여진 두 식의 합은

$(4x^2-4x+6)+(x^2+3x-1)=5x^2-x+5$이다.

$A+(3x^2+4x+1)=5x^2-x+5$에서 $A=5x^2-x+5-(3x^2+4x+1)=2x^2-\boxed{}x+4$

$B+(-3x^2+10)=5x^2-x+5$에서 $B=5x^2-x+5-(-3x^2+10)=\boxed{}$

따라서 $A+B=(2x^2-\boxed{}x+4)+(8x^2-x-\boxed{})=10x^2-\boxed{}x-\boxed{}$

답 _____

---

 1 $(-1)^{2n-1}(3a+2b)-(-1)^{2n}(a-5b)$
$\qquad\qquad\qquad +(-1)^{2n+1}(-5a+3b)$

를 간단히 하시오. (단, n은 자연수)

응용 2 다음 세 다항식 A, B, C를 각각 간단히 하였더니 다항식 C의 xy의 계수와 x의 계수의 차가 k이었다. 이때 k의 값을 구하시오.

> ㈎ 가로의 길이, 세로의 길이, 높이가 각각 $2x$, $3y$, 5 인 직육면체의 겉넓이는 A이다.
>
> ㈏ $[x]$는 x보다 크지 않은 최대의 정수라 할 때, $B=[2.7](3x-y)+[-1.5](5x-2y)$
>
> ㈐ 다항식 A에서 다항식 B의 3배를 빼면 다항식 C와 같다.

응용 3 수민이가 $4x-\{8y-(3x-y+A)\}+4y$에서 다항식 A의 계수들의 부호를 모두 반대로 보고 답을 구했더니 $-2(3x+y)$가 나왔다. 다시 바르게 계산하시오.

응용 4 두 다항식 A, B에 대하여 연산기호 $\odot$와 $\diamond$를

$A\odot B=\dfrac{1}{3}(A+B)$, $A\diamond B=\dfrac{1}{3}(A-B)$라 정의하자.

$A=x^2-3x+1$, $B=-2x^2+6x-1$일 때, $(A\odot B)\diamond(A\diamond 2B)=ax^2+bx+c$이다. 상수 a, b, c 에 대하여 $a+b+c$의 값을 구하시오.

04 단항식과 다항식의 곱셈과 나눗셈

(1) **단항식과 다항식의 곱셈** : 분배법칙을 이용하여 단항식을 다항식의 각 항에 곱한다.

(2) **전개와 전개식** : 단항식과 다항식의 곱을 분배법칙을 이용하여 하나의 다항식으로 나타내는 것을 전개한다고 하며, 전개하여 얻은 식을 전개식이라 한다.

(3) **다항식과 단항식의 나눗셈**

[방법 1] 다항식에 단항식의 역수를 곱하여 전개한다.

$$\Rightarrow (A+B) \div C = (A+B) \times \frac{1}{C} = A \times \frac{1}{C} + B \times \frac{1}{C}$$

[방법 2] 나눗셈을 분수 꼴로 바꾼 후 분자(다항식)의 각 항을 분모(단항식)로 나눈다.

$$\Rightarrow (A+B) \div C = \frac{A+B}{C} = \frac{A}{C} + \frac{B}{C}$$

(4) **사칙연산이 혼합된 식의 계산**

① 지수법칙을 이용하여 거듭제곱을 계산한다.

② 분배법칙을 이용하여 괄호를 풀고 곱셈, 나눗셈을 먼저 계산한다.

③ 동류항끼리 계산하여 식을 간단히 한다.

핵심 ① 1

$2x(5x^2+ax-1)+3x^2(4-x)-4(x+x^2)$을 간단히 하면 $7x^3+14x^2+2bx$이다. 이때 상수 a, b에 대하여 $a+b$의 값을 구하면?

① 4 　　　② 3 　　　③ 0

④ -1 　　　⑤ -2

핵심 ② 2

$a=-1$, $b=-2$, $c=\frac{1}{2}$일 때, 다음 식의 값은?

$$\left(-ab^3+3a^2b^2\right) \div \frac{1}{3}ab^2 - \left(2ac^4-3bc^2\right) \div \left(-\frac{1}{2}c^2\right)$$

① 1 　　　② 2 　　　③ 4

④ 8 　　　⑤ 12

핵심 ③ 3

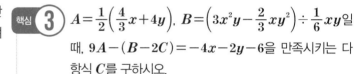

$A=\frac{1}{2}\left(\frac{4}{3}x+4y\right)$, $B=\left(3x^2y-\frac{2}{3}xy^2\right) \div \frac{1}{6}xy$일 때, $9A-(B-2C)=-4x-2y-6$을 만족시키는 다항식 C를 구하시오.

핵심 ④ 4

오른쪽 그림과 같이 윗변의 길이가 $4a^2+5b$, 높이가 $\frac{5}{4}a^3b^4$인 사다리꼴의 넓이가 $5a^5b^4+10a^3b^5$일 때, 이 사다리꼴의 아랫변의 길이를 구하시오.

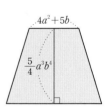

예제 4 $\dfrac{1}{x}-\dfrac{1}{y}=-3$일 때, $\dfrac{3x-7xy-3y}{x+5xy-y}$의 값을 구하시오.

Tip 어떤 식의 문자에 그 문자를 나타내는 다른 식을 대입하여 원래의 식을 변형할 수 있다.

$\dfrac{1}{x}-\dfrac{1}{y}=-k$를 $x-y=kxy$(k는 상수)꼴로 나타낼 수 있다.

풀이 $\dfrac{1}{x}-\dfrac{1}{y}=-3$에서 $\dfrac{y-x}{xy}=-3$ ∴ $x-y=\boxed{}$

∴ $\dfrac{3x-7xy-3y}{x+5xy-y}=\dfrac{3(x-y)-7xy}{x-y+5xy}=\dfrac{3\times\boxed{}-7xy}{\boxed{}+5xy}=\dfrac{2xy}{\boxed{}}=\boxed{}$

답 _____

응용 1 다음 식을 간단히 하면?

$$(0.\dot{2}x^3y^2-0.\dot{5}x^2y^4)\div0.0\dot{5}xy$$
$$-6x^3y^4\left(\dfrac{5}{2x^2y}+\dfrac{1}{3xy^3}\right)$$

① $2x^2y+35xy^3$　　② $2x^2y-25xy^3$

③ $4x^2y+10xy$　　④ $4xy^3-15x^3y$

⑤ $5xy^3+20x^3y$

응용 2 오른쪽 그림과 같이 큰 직육면체 위에 작은 직육면체 올려놓은 모양의 2단으로 된 상자가 있다. 큰 직육면체의 부피는 $48x^2y^2-12xy^2$, 작은 직육면체의 부피는 $12x^2y^2+6x^2y$일 때, 상자 전체의 높이 h를 구하시오.

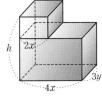

응용 3 어떤 다항식을 $2x^2$으로 나누었더니 몫이 $3x^2+x-2$, 나머지가 x^2-6이었다. 이 다항식에 $x=-3$을 대입하였을 때의 식의 값을 구하시오.

응용 4 $x:y=1:4$, $y:z=2:1$일 때, 다음 식의 값은?

$$\dfrac{x^2+y^2+z^2-2(xy+yz+zx)}{xz}$$

① $-\dfrac{1}{2}$　　② 2　　③ $\dfrac{5}{2}$

④ -3　　⑤ $-\dfrac{7}{2}$

01 n이 자연수일 때, $6^{2n-2}(9^{n+1}+3^{2n+3})$을 간단히 하면?

① 9^{2n}

② 12^{2n}

③ 18^{2n}

④ 12^{2n+1}

⑤ 18^{2n-1}

02 m, n, l이 자연수이고, $64^n \times (2.7)^6 = 12^6 \times 3^{3m} \times \dfrac{1}{10^l}$이 성립할 때, $m+n+l$의 값을 구하시오.

03 $\left(\dfrac{16^6+4^9}{16^5+4^7}\right)^2$을 간단히 하여 2의 거듭제곱 꼴로 나타내시오.

04 $A=2x^2-4x+3$, $B=3x+5x^2$, $C=-x^2+7$일 때, $A-\{3C+(4-2B)-3A\}$를 x에 대한 식으로 나타내시오.

05 $\dfrac{3}{x}+\dfrac{2}{y}=4$일 때, $\dfrac{15x-8xy+17y}{x+y}$의 값을 구하시오.

06 어떤 자연수를 밑과 지수가 모두 자연수인 a^n의 꼴로 나타내면 2^8은 다음과 같이 모두 4가지의 서로 다른 a^n의 꼴로 나타낼 수 있다. 이때 27^8은 모두 몇 가지의 서로 다른 a^n의 꼴로 나타낼 수 있는지 구하시오.

$$2^8=4^4=16^2=256^1$$

07 $4^n = x$, $5^n = y$라 할 때, $\dfrac{1}{2^{4n}} \times 25^{3n} \div 10^{2n}$을 x와 y를 사용하여 나타내시오.

08 $\left(\dfrac{y^2}{x}\right)^a \div \left(\dfrac{4y^b}{3x^3}\right)^3 \times \left(\dfrac{2x^3}{3y^2}\right)^2 = \dfrac{3}{16}xy^3$일 때, 자연수 $a+b$의 값을 구하시오.

09 $(-1)^{ab} \times (-8)^b \times (-2)^{ab} = (-4)^4 \times (-16)^5$을 만족시키는 자연수 a, b에 대하여 순서쌍 (a, b)의 개수를 구하시오.

10 $N=2^n$일 때, $R[N]=n$으로 나타내기로 하자. 예를 들어, $R[2^4]=4$, $R\left[\dfrac{1}{2^4}\right]=-4$이다.

$R\left[\left(\dfrac{1}{2}\right)^3\times\left(\dfrac{1}{4}\right)^2\times\dfrac{1}{8}\right]=x$, $y=16$일 때, $R[y^3]=-x+z\times R[y]$이다. 이때 xz의 값을 구하시오.

11 $\left(\dfrac{3}{4}x^2y\right)^2\times\boxed{}\div\dfrac{5}{4}x^6y=\dfrac{3}{4}xy^2$일 때, $\square$ 안에 알맞은 식을 구하시오.

12 밑면의 가로의 길이는 a^4b^2, 세로의 길이는 a^2b^4이고, 높이는 a^3b^3인 직육면체의 상자를 같은 방향으로 빈틈없이 쌓아서 가능한 한 가장 작은 정육면체를 만들려고 한다. 이때 필요한 상자의 개수를 구하시오. (단, a, b는 서로소이다.)

13 n은 자연수이고, $3^{n-1}(5^n - 5^{n+1}) = a \times 15^n$일 때, a의 값을 구하시오.

14 운동장에 있는 전체 학생 a명 중에서 여학생이 b %를 차지한다. 잠시 후 남학생 c명이 운동장에 왔더니 여학생이 전체의 d %가 되었다. 이때 a를 b, c, d에 대한 식으로 나타내시오.

15 $a + \dfrac{1}{b} = 1$, $b + \dfrac{2}{c} = 1$일 때, $\dfrac{2}{abc}$의 값을 구하시오.

16 $\dfrac{a}{b+c}=\dfrac{b}{c+a}=\dfrac{c}{a+b}=k$일 때, k의 값을 구하시오. (단, $a+b+c\neq0$)

NOTE

17 밑면의 가로의 길이가 $4x$, 세로의 길이가 $5x-2y$이고, 높이가 $\dfrac{3}{2}y^2$인 직육면체 모양의 쌓기나무가 여러 개 있다. 이 쌓기나무를 쌓은 후 앞, 옆, 위에서 본 모양이 다음 그림과 같을 때, 쌓은 쌓기나무의 전체의 부피를 구하시오.

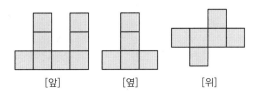

[앞]　　　[옆]　　　[위]

18 A 마을에서 B 마을까지 시속 x km의 속력으로 달리고, B 마을에서 10분 동안 휴식한 다음 C 마을까지 시속 y km의 속력으로 달렸더니 모두 3시간 걸렸다고 한다. A 마을에서 B 마을까지의 거리는 z km, A 마을에서 B 마을을 지나 C 마을까지의 거리는 150 km일 때, x를 y, z에 대한 식으로 나타내시오.

01 n이 짝수일 때, $\left(-\dfrac{1}{25}\right)^2 \times (-5)^5 \div 0.125^2 \times \{(-1)^{n+1} + (-1)^n + (-1)^{n-1}\}$을 간단히 하시오.

02 $50^a = 4$, $50^b = 10$일 때, $5^{\frac{-a-b}{b-1}}$을 계산하시오.

03 $2^{n+3}(3^n + 3^{n-3}) = a \times 6^n$일 때, a의 값을 구하시오.

04 $32^x \times 3 \times 5^3 \div (2^4)^x$이 네 자리의 자연수일 때, 이를 만족시키는 자연수 x의 값을 모두 찾아 합을 구하시오.

05 $2^n = x$, $3^n = y$라고 할 때, 다음 식을 만족하는 세 자연수 a, b, c에 대하여 $a+b+c$의 값을 구하시오.

$$24^{n+1} \times 27^n \div 4^{n+1} = ax^b y^c$$

06 $xyz=1$일 때, $\dfrac{x}{xy+x+1} + \dfrac{y}{yz+y+1} + \dfrac{z}{zx+z+1}$의 값을 구하시오.

07 두께가 모두 같은 수학책 a권과 수학책보다 두껍고 두께가 모두 같은 영어책 b권으로 가득 채워지는 책꽂이가 있다. 이 책꽂이는 수학책 c권, 영어책 d권으로도 가득 채워진다. 또, 수학책 e권만으로도 가득 채워진다. 이때 e를 다른 문자에 대한 식으로 나타내시오.

08 $-\dfrac{x}{(x-y)(z-x)}-\dfrac{y}{(x-y)(y-z)}-\dfrac{z}{(z-x)(y-z)}$를 간단히 하시오.

09 $a=b+c=d+e+f$일 때, $abd+acd+abe+abf+ace+acf$를 a를 사용한 식으로 나타내시오.

10 오른쪽 그림과 같은 직사각형에서 색칠한 부분의 넓이를 S라 할 때, b를 S, a에 대한 식으로 나타내시오.

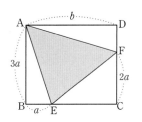

11 A반과 B반의 남학생과 여학생의 비는 각각 8 : 9, 6 : 5이고, 두 반을 합하면 남학생과 여학생의 비가 9 : 8이다. A반과 B반의 남학생의 비를 구하시오.

12 오른쪽 그림과 같이 직사각형 ABCD와 합동인 9 개의 직사각형을 가지고 큰 직사각형 AEFG를 만들었더니 그 넓이가 720이었다. 이때 직사각형 AEFG의 둘레의 길이를 구하시오.

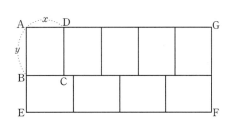

13 바둑돌이 450개 들어 있는 상자에서 처음에 x개를 꺼내고 그 이후에는 밖에 꺼내져 있는 바둑돌의 개수만큼 계속해서 꺼내면 2개의 바둑돌이 남는다고 한다. 예를 들어 처음에 1개를 꺼내면 그 다음은 차례로 1개, 2개, 4개, 8개, … 순으로 꺼낸다. 바둑돌을 꺼낸 횟수를 y라 할 때, $x+y$의 최솟값을 구하시오.

14 서로 다른 6개의 양의 유리수 중에서 서로 다른 5개의 수를 뽑아 곱하였더니 그 결과가 각각 4, 8, 36, 72, 162, 144가 되었다. 6개의 수 중에서 가장 큰 수와 가장 작은 수의 곱을 구하시오.

15 $A=x(6x-2)+x-1$, $B=(12x^3+6x^2-4x)\div2x$, $C=(3x^2y^3)^3\div(3x^4y^3)^2$일 때, $2A-[3B-\{A+(2B-C)\}]$를 x, y에 대한 식으로 간단히 나타내시오.

16 $A=(15x^4y^3-12x^3y^4)\div(-3x^2y)^2$, $B=x(3x^2-x-9xy+1)+x^2-3y$일 때,
$A-(2B+3C)=4x^2y+2x+3y$를 만족하는 다항식 C를 구하시오.

17 n이 2보다 큰 짝수일 때, $(-6)^4\div(-3)^m=(-2)^{n-2}$이 성립한다. 이때 $m+n$의 값을 구하시오.

18 0이 아닌 유리수 a, b, c, d에 대하여 $\dfrac{b+c+d}{a}=\dfrac{c+d+a}{b}=\dfrac{d+a+b}{c}=\dfrac{a+b+c}{d}=k$를 만족하는 k의 값들의 합을 구하시오.

01 어떤 자연수 A에 대하여 $\dfrac{1}{A}$을 순환소수로 나타내면 $0.\dot{0}7692\dot{3}$이다. 10^{40}을 A로 나눈 나머지를 r라 할 때, $A+r$의 값을 구하시오.

02 0과 18 사이의 기약분수 중에서 분모가 18이고, 순환소수로만 나타낼 수 있는 분수들의 총합을 구하시오.

03 두 자연수 a, b에 대하여 $\dfrac{a}{b}=0.\dot{A}BCD\dot{E}$, $\dfrac{a-7}{b}=0.\dot{B}CDE\dot{A}$, $\dfrac{a+5}{b}=0.\dot{C}DEA\dot{B}$이다.
b가 100 이하의 소수일 때, $A+B+C+D+E$의 값을 구하시오.
(단, A, B, C, D, E는 음수가 아닌 한 자리의 정수이다.)

04 기약분수 $\dfrac{y}{x}$ 를 소수로 고쳐 소수점 아래 첫째 자리에서 반올림하면 11이 된다고 한다.

$y=4x+200$ 일 때, $x+y$ 의 최댓값을 구하시오.

05 1보다 큰 자연수 n 에 대하여 다음 식을 간단히 하면 $a \times b^n$ 의 꼴로 나타낼 수 있다. 이때 $a+b$ 의 값을 구하시오.

$$4 \times 5^{n-1} \times (2^{n-2} + 2^{n-1}) \times (3^n + 3^{n+2})$$

06 오른쪽 그림과 같이 큰 직사각형을 네 개의 작은 직사각형으로 나누었다. 각 부분의 넓이가 $\dfrac{512}{x}$, 2^x, $\dfrac{3^4}{4y}$, 3^y 이고 $xy=24$ 일 때, $10x+y$ 의 값을 구하시오. (단, x, y 는 서로소인 자연수)

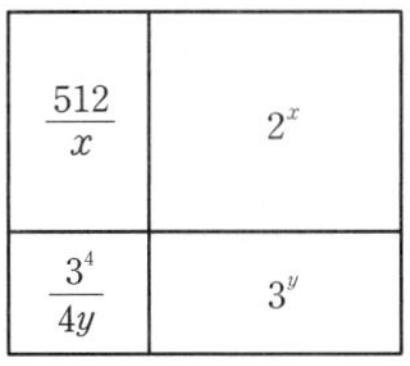

$\dfrac{512}{x}$	2^x
$\dfrac{3^4}{4y}$	3^y

07 다음 **조건**을 모두 만족시키는 자연수 n의 개수를 구하시오.

> **조건**
>
> (개) $2^{10} \times 3^4$보다 작다.
>
> (내) $2^{42} \times 3^8$의 약수이다.
>
> (대) $2^{12} \times 3^6$의 약수가 아니다.

08 $2^{2025} \div 5$의 정수 부분을 512로 나눈 나머지를 r라 할 때 r의 값을 구하시오.

09 방정식 $2^{5x} + 2^{6y} = 2^{7z}$을 만족시키는 양의 정수의 순서쌍 (x, y, z)가 있다. 이때 x의 값이 가장 작은 순서쌍을 (a, b, c)라 할 때, $a+b+c$의 값을 구하시오. (단, 임의의 수 a에 대하여 $a^0=1$이다.)

Ⅱ 일차부등식

1. 일차부등식

1. 부등식과 그 해

(1) **부등식** : 부등호($>$, $<$, $\geq$, $\leq$)를 사용하여 수 또는 식의 대소 관계를 나타낸 식

(2) **부등식의 해** : 부등식을 참이 되게 하는 미지수의 값

(3) **부등식을 푼다** : 부등식을 만족하는 모든 해를 구하는 것

2. 부등식의 성질

(1) 부등식의 양쪽에 같은 수를 더하거나 빼도 부등호의 방향은 바뀌지 않는다.

$a < b$이면 $a+c < b+c$, $a-c < b-c$

(2) 부등식의 양쪽에 같은 양수를 곱하거나 나누어도 부등호의 방향은 바뀌지 않는다.

$a < b$이고 $c > 0$이면 $ac < bc$, $\dfrac{a}{c} < \dfrac{b}{c}$

(3) 부등식의 양쪽에 같은 음수를 곱하거나 나누면 부등호의 방향은 바뀐다.

$a < b$이고 $c < 0$이면 $ac > bc$, $\dfrac{a}{c} > \dfrac{b}{c}$

(4) $a \leq x \leq b$, $c \leq y \leq d$이면

① $a+c \leq x+y \leq b+d$, $a-d \leq x-y \leq b-c$

② a, b, c, d가 양수일 때 $ac \leq xy \leq bd$, $\dfrac{a}{d} \leq \dfrac{x}{y} \leq \dfrac{b}{c}$

핵심 **1** $a < b$일 때 □ 안에 알맞은 부등호를 써넣으시오.

(1) $2a-1$ □ $2b-1$ (2) $-\dfrac{a}{3}$ □ $-\dfrac{b}{3}$

(3) $-8a+4$ □ $-8b+4$ (4) $\dfrac{a}{4}+5$ □ $\dfrac{b}{4}+5$

핵심 **2** 다음 중 옳지 <u>않은</u> 것을 모두 고르면?

① $a > b > 0$, $c < 0$이면 $ac < bc$이다.

② $a+2 > b+2$이면 $\dfrac{1}{a} < \dfrac{1}{b}$이다.

③ $2(5-a) < -2b+10$이면 $a^2 > ab$이다.

④ $-2a < -2b$이면 $a^3-1 > b^3-1$이다.

⑤ $a > b$, $c > d$, $a < 0$, $c < 0$일 때, $ac < bd$이다.

핵심 **3** x의 값의 범위가 $3 < x < 5$일 때 다음 식의 값의 범위를 구하시오.

(1) $3x+7$

(2) $\dfrac{2}{x}+5$

핵심 **4** 일차방정식 $7y+1 = 4(y-2)$의 해는 $y=a$이다. 이때 'x의 a배에 12를 더하면 9보다 크지 않다.'를 만족시키는 x의 값의 범위를 구하면?

① $x < -2$ ② $x < -1$ ③ $x > 0$

④ $x \geq 1$ ⑤ $x \leq 2$

예제 1 양의 정수 a에 대하여 $n^2 \leq a < (n+1)^2$을 만족시키는 정수 n을 $\ll a \gg$로 나타낸다. 예를 들어 $3^2 \leq 15 < 4^2$이므로 $\ll 15 \gg = 3$이 된다. $\ll a \gg = 2$, $\ll b \gg = 5$일 때, $\ll b-a \gg$의 최댓값을 구하시오.

Tip $a \leq x \leq b$, $c \leq y \leq d$일 때, $a+c \leq x+y \leq b+d$, $a-d \leq x-y \leq b-c$

풀이 $\ll a \gg = 2$이므로 $\boxed{} \leq a < \boxed{}$

$\ll b \gg = 5$이므로 $\boxed{} \leq b < \boxed{}$

$25 - \boxed{} < b-a < 36 - \boxed{}$

$\boxed{} < b-a < \boxed{}$

따라서 $\ll b-a \gg = \boxed{}$ 또는 $\ll b-a \gg = \boxed{}$이므로 $\ll b-a \gg$의 최댓값은 $\boxed{}$이다. **답** _____

응용 1 $-2 < 3-5x \leq 18$, $7 \leq \dfrac{1-2y}{3} < 15$일 때, $A = 2x - 3y + 5$의 값의 범위는?

① $27 \leq A < 70$ ② $28 \leq A < 72$

③ $29 \leq A < 73$ ④ $30 < A \leq 74$

⑤ $31 < A \leq 75$

응용 2 $-3 \leq 2x - 7 \leq 5$일 때, $\dfrac{4-5x}{3}$의 최솟값을 a, 최댓값을 b라 하자. 이때 $b-a$의 값을 구하시오.

응용 3 두 수 x, y의 값의 범위가 각각 $-3 \leq x \leq 5$, $-1 \leq \dfrac{y}{3} \leq 3$일 때 $5x - 2y$의 값의 범위를 구하시오.

응용 4 다음 세 식을 동시에 만족시키는 두 정수 x, y에 대하여 $x+y$의 값이 될 수 있는 것을 모두 구하시오.

(가) $x + 3y = 27$ (나) $\dfrac{1}{3}x < y$

(다) $x > y$

02 일차부등식과 그 풀이

1. 일차부등식 : 부등식의 모든 항을 좌변으로 이항하여 정리하였을 때, 다음의 어느 한 가지 꼴로 변형되는 부등식

   (일차식)>0, (일차식)≥ 0, (일차식)<0, (일차식)≤ 0

2. 일차부등식의 풀이

   ① 계수가 분수이거나 소수이면 양쪽에 적당한 수를 곱하여 계수를 정수로 고친다.

   ② 괄호가 있으면 괄호를 푼다.

   ③ x항이 들어 있는 항은 왼쪽으로, 상수항은 오른쪽으로 이항한다.

   ④ 양쪽을 정리하여 $ax>b$, $ax<b$, $ax\geq b$, $ax\leq b$의 꼴로 고친다.

   ⑤ 양쪽을 x의 계수로 나눈다. 이때 계수 a가 음수이면 부등호의 방향을 바꾼다.

3. 복잡한 일차부등식의 해

   ① 괄호가 있을 때는 분배법칙을 이용하여 괄호를 풀어 부등식을 간단히 한 후 푼다.

   ② 계수가 분수이면 양변에 분모의 최소공배수를 곱하여 계수를 정수로 고친 후 푼다.

   ③ 계수가 소수이면 양변에 10의 거듭제곱을 곱하여 계수를 정수로 고친 후 푼다.

   ④ 절댓값을 포함한 일차부등식

   a가 양수일 때, $\begin{cases} |(일차식)|<a이면 \ -a<(일차식)<a \\ |(일차식)|>a이면 \ (일차식)<-a \ 또는 \ (일차식)>a \end{cases}$

핵심 ① 일차부등식 $0.4x-0.3<\dfrac{3(x-1)}{4}$을 참이 되게 하는 가장 작은 정수 x의 값을 구하시오.

핵심 ③ 두 일차부등식 $0.3x-1.4\leq 0.6x+0.7$과

$\dfrac{x-5}{3}-\dfrac{1-x}{2}<2$를 모두 만족시키는 정수 x의 값 중 가장 큰 값을 a, 가장 작은 값을 b라 하자.

$|a|+|b|$의 값을 구하시오.

핵심 ② 다음 두 일차부등식의 해가 서로 같을 때, 상수 a의 값을 구하시오.

$$4-\frac{3}{4}x\leq 3-\frac{2}{5}x, \ 5x-3\geq a-x$$

핵심 ④ $|x-1|\leq 3$이고 x는 정수일 때, 일차부등식 $-2x+3<4x-1$을 참이 되게 하는 x의 값들의 합을 구하면?

① 6   ② 7   ③ 8

④ 9   ⑤ 10

▶ 정답 및 풀이 **18**쪽

예제 ② 세 자리의 자연수 N은 백의 자리의 숫자가 a, 십의 자리의 숫자가 b, 일의 자리의 숫자가 c이다. $b > 2a+c$, $c > 0$일 때, 가장 큰 N의 값을 구하시오.

Tip ▶ $N = 100a + 10b + c$의 각 자리의 숫자(a, b, c)는 0 또는 한 자리의 자연수이므로 조건으로 주어진 부등호를 만족시키는 자연수 a의 값에 따라 b, c의 값을 각각 구해본다.

풀이 $10 > b > 2a + c$, $c > 0$에서 $10 > 2a + c > 2a$ ∴ $a < \boxed{}$

(i) $a = 4$일 때

    $10 > b > 2a + c = 2 \times 4 + c = 8 + c$

    $c \geq 1$이므로 $b > 8 + c \geq \boxed{}$

    십의 자리의 숫자 b는 9 초과일 수 없으므로 $a \boxed{} 4$

(ii) $a = 3$일 때

    $10 > b > 2a + c = 2 \times 3 + c = 6 + c$

    $c \geq 1$이므로 $10 > b > 6 + c \geq 7$

    따라서 $b = 8$ 또는 $b = \boxed{}$

(ii)에서 가장 큰 N의 값을 구해야 하므로 $a = 3$, $b = \boxed{}$

$b > 2a + c$에서 $9 > 6 + c$, 즉 $c < 3$이므로 $c = \boxed{}$

따라서 가장 큰 N의 값은 $\boxed{}$이다.

답 _____

응용 ① 일차부등식 $0.\dot{6}x + 3.4 \geq 4(0.8x - 2)$를 만족시키는 자연수 x의 개수를 구하시오.

응용 ③ 기호 $[a]$는 양의 유리수를 소수점 아래 첫째 자리에서 반올림하여 나타낸 수이다. 예를 들어, $[2.4] = 2$, $[6.7] = 7$이다. 이때 부등식 $2 < \left[\dfrac{x}{4} - 1\right] < 5$를 만족시키는 x의 값의 범위를 구하시오.

응용 ② x에 대한 일차방정식 $a - \dfrac{5}{4} = 2a - \dfrac{4}{3}x$의 해가 5보다 클 때, 상수 a의 값의 범위를 구하시오.

응용 ④ $|x - 2| \geq 10$이고 x는 정수일 때, 부등식 $0.03(7 - x) > 0.13(x + 5) - 0.12$의 해 중 가장 큰 x의 값을 구하시오.

03 해가 주어진 일차부등식

(1) 해가 주어진 일차부등식

① 계수와 상수항이 모두 주어진 부등식의 해를 먼저 구한다.

② 나머지 부등식의 해가 ①의 해와 같음을 이용하여 미지수의 값을 구한다.

(2) 해의 조건이 주어진 부등식

부등식을 만족시키는 자연수의 해가 k개일 때

① 부등식을 풀어 $x \leq a$ 또는 $x < a$의 꼴로 나타낸다.

② 부등식의 해가 $x \leq a$일 때 ➡ $k \leq a < k+1$

부등식의 해가 $x < a$일 때 ➡ $k < a \leq k+1$

---

 1 부등식 $0.2(x+18) < \dfrac{1}{3}x - 2a$의

해를 수직선 위에 나타내면 오른쪽 그림과 같다. 이때 상수 a의 값을 구하시오.

 2 두 일차부등식 $0.3x - 0.4 < 0.2(4x+3)$,

$\dfrac{x}{2} - \dfrac{1}{5} > 0.1x - a$의 해가 서로 같을 때, 상수 a의 값을 구하시오.

---

 3 x에 대한 일차부등식

$4(x-3) - 2x < -3x - 5a - 2$를 만족시키는 x의 값 중 자연수의 개수가 1개일 때, 상수 a의 값의 범위를 구하시오.

 4 두 수 a, b에 대하여 연산 ◎를 $a ◎ b = 2a - 3b + 2$로 정의하자. 부등식 $(x-3) ◎ (2x+1) < -4 ◎ a$를 만족시키는 x의 값 중 가장 작은 정수가 1일 때, a의 값의 범위를 구하시오.

예제 **3** 부등식 $(a+b)x+2a-3b<0$의 해가 $x>-\dfrac{3}{4}$일 때, 부등식 $(a-2b)x+3a-b<0$을 푸시오.

Tip 부등식 $(a+b)x+2a-3b<0$을 $x>(a, b$에 대한 식$)$ 꼴로 고친 후 $(a, b$에 대한 식$)=-\dfrac{3}{4}$임을 이용하여 a와 b의 관계식을 구할 수 있다.

풀이 $(a+b)x+2a-3b<0$에서 $(a+b)x<-2a+3b$

이때 해가 $x>-\dfrac{3}{4}$이므로 $a+b\ \square\ 0$

따라서 $x\ \square\ \dfrac{-2a+3b}{a+b}$이므로 $\dfrac{-2a+3b}{a+b}=-\dfrac{3}{4}$ $\quad\therefore a=\square\, b$

$a=3b$를 $a+b<0$에 대입하면 $3b+b\ \square\ 0$ $\quad\therefore b\ \square\ 0$

부등식 $(a-2b)x+3a-b<0$에 $a=3b$를 대입하면

$bx+9b-b<0,\ bx<-8b$

이때 $b\ \square\ 0$이므로 $x\ \square\ -8$

답 _____

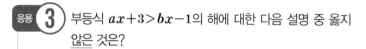

응용 1 $x=-2$가 일차부등식 $2x-a<\dfrac{7x-3a}{2}$를 만족시키지 않을 때, 상수 a의 값의 범위를 구하시오.

응용 2 부등식 $x-\dfrac{5}{4}<\dfrac{1}{2}(x+3)-0.25a$의 해 중 가장 큰 자연수가 7일 때, 상수 a의 값의 범위를 구하시오.

응용 3 부등식 $ax+3>bx-1$의 해에 대한 다음 설명 중 옳지 않은 것은?

① $a-b>0$일 때, $x>-\dfrac{4}{a-b}$

② $a<b$일 때, $x<-\dfrac{4}{a-b}$

③ $a=b$일 때, 해가 없다.

④ $a=0,\ b>0$일 때, $x<\dfrac{4}{b}$

⑤ $a=0,\ b<0$일 때, $x>\dfrac{4}{b}$

응용 4 일차부등식 $3(6x-7)\leq a$를 만족시키는 x의 값 중 자연수의 개수가 3개 이상일 때, 상수 a의 최솟값을 구하시오.

04 일차부등식의 활용

(1) 일차부등식의 활용 문제의 풀이 순서

① 미지수 정하기 : 문제의 뜻을 파악하여 구하려는 것을 미지수 x로 놓는다.

② 일차부등식 세우고 풀기 : 문제의 뜻에 맞게 x에 대한 부등식을 세우고 풀어 해를 구한다.

③ 확인하기 : 구한 해가 문제의 뜻에 맞는지 확인한다.

(2) 부등식을 이용한 여러 가지 활용 문제

① 속력, 농도, 도형에 관한 문제

$$(속력) = \frac{(거리)}{(시간)}, \quad (소금물의 농도) = \frac{(소금의 양)}{(소금물의 양)} \times 100(\%), \quad 도형의 넓이, 부피를 구하는 공식 이용$$

② 최대 개수에 대한 문제

가격이 다른 물건 A, B를 합하여 k개를 살 때, 물건 A를 x개 사면, 물건 B는 $(k-x)$개 구입하는 것이므로

⇨ (물건 A의 x개의 가격) + (물건 B의 $(k-x)$개의 가격) ☐ (총 금액)공식 이용

└▸ 문제 맞게 부등호 사용($>$, $<$, $\geq$, $\leq$)

③ 원가·정가 문제

보통의 경우 (이익) = (정가) − (원가)이지만 할인하여 판매한 경우의 이익은 (할인된 판매 금액) − (원가)임을 이용하여 푼다.

핵심 ① 한 개에 2500원 하는 배와 1500원 하는 사과를 섞어서 20개를 사고 그 값이 35000원 이하가 되게 하려고 한다. 배는 최대 몇 개까지 살 수 있는지 구하시오.

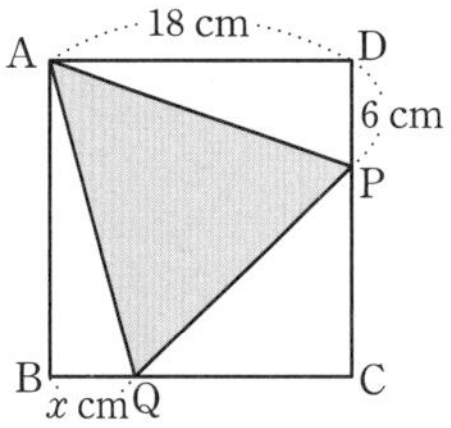

핵심 ③ A지점에서 8 km 떨어진 B지점으로 가는데 처음에는 시속 3 km로 걷다가 도중에 시속 4km로 걸어서 2시간 15분 이내에 B지점에 도착하려고 한다. 시속 4 km로 걸어야 할 거리는 몇 km 이상인지 구하시오.

핵심 ② 오른쪽 그림과 같이 한 변의 길이가 18 cm인 정사각형 ABCD의 $\overline{CD}$ 위에 점 P, $\overline{BC}$ 위에 점 Q를 정할 때, $\overline{DP} = 6$ cm, $\overline{BQ} = x$ cm이다. △AQP의 넓이가 정사각형 ABCD의 넓이의 $\dfrac{5}{12}$ 이상이 될 때, x의 값의 범위를 구하시오.

핵심 ④ 꽃 가게에서 한 송이에 4000원 하는 장미가 도매 시장에서는 한 송이에 3700원이라고 한다. 도매시장에 다녀올 때의 교통비가 2400원이라고 할 때, 장미 몇 송이 이상을 사야 도매시장에 가는 것이 더 유리한지 구하시오.

예제 4 공책을 사는 데 40권까지는 한 권당 1000원이지만, 40권을 초과하는 공책에 대해서는 한 권당 900원씩 살 수 있다고 한다. 공책을 몇 권 이상 사야 한 권당 940원 이하로 사는 셈이 되는지 구하시오.

> **Tip** 공책 x권($x \geq 40$)을 산다고 하면 40권까지는 공책의 값은 40×1000(원)이고
> 40권 초과분의 공책의 값은 $(x-40) \times 900$(원)이다.

> **풀이** 공책 x권의 값은 $40 \times 1000 + (x-40) \times 900$(원)이고, 공책 1권에 940원씩 한다면 x권의 값은 $940x$(원)이므로
> $40 \times 1000 + (x-40) \times 900 \leq 940x$, $40000 + 900x - 36000 \leq 940x$
> $40x \geq \boxed{}$ $\therefore x \geq \boxed{}$
> 따라서 공책은 $\boxed{}$권 이상을 사야 한다.   **답** _____

응용 1 인당 입장 요금이 3500원인 국립공원에 30명 이상의 단체는 입장료의 20 %를 할인해 준다고 한다. 30명의 단체 요금을 주고 입장하는 것이 몇 명 이상이면 유리한지 구하시오.

응용 2 농도가 5 %인 소금물 500 g이 있다. 이 소금물에 소금을 넣고, 넣어 준 소금의 양만큼 물을 증발시켜 농도가 8 % 이상이 되게 하려고 한다. 이때 더 넣은 소금의 양은 몇 g 이상인지 구하시오.

응용 3 원가가 35000원인 옷의 정가를 정한 후 팔리지 않아서 정가의 30 %를 할인한 가격으로 판매하였다. 원가의 10 % 이상의 이익을 얻으려고 할 때, 할인 전 정가는 얼마 이상으로 정하면 되는지 구하시오.

응용 4 전체 학생 수가 32명인 어떤 학급의 이번 달 수학 시험에서 10명의 학생은 지난 달 시험에 비해 점수가 8점 오르고, 4명의 학생은 점수가 4점이 떨어졌으며 나머지 학생은 지난 달 시험 점수와 같았다. 이번 달 수학 점수의 반 평균이 74점 이상 75점 이하일 때, 지난 달 수학 점수의 반 평균의 범위를 구하시오.

01 $a \neq \dfrac{2}{3}$일 때, x에 대한 일차부등식 $(8a-1)x-2 \leq (5a+1)x+3$을 푸시오.

02 x에 대한 일차부등식 $\dfrac{2x+a}{3} \geq \dfrac{2x+4}{5} - \left(2x - \dfrac{1}{2}\right)$의 해가 $x \geq 2$일 때, 상수 a의 값을 구하시오.

03 부등식 $\dfrac{1}{3} < \dfrac{3x-a}{2} < \dfrac{1}{2}$의 해가 $0 < x < 2b$일 때, 부등식 $2ax+b > 0$의 해를 구하시오.

04 x에 대한 일차부등식 $-\dfrac{2}{3}x+3a \geq \dfrac{5}{2}$를 만족하는 x의 최댓값이 $-\dfrac{4}{3}$일 때, 상수 a의 값을 구하시오.

NOTE

Ⅱ 일차부등식

05 일차부등식 $ax+2a-4b>0$의 해를 수직선 위에 나타내면 오른쪽 그림과 같다. $a-2b=5$일 때 상수 a, b에 대하여 $a+b$의 값을 구하시오.

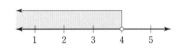

06 일차부등식 $2(3x-5) \leq a$를 만족시키는 자연수 x의 개수가 5개일 때, 상수 a의 값의 범위를 구하시오.

07 x에 대한 일차부등식 $2(a+b)x-3a+2b<0$의 해가 $x<\dfrac{1}{2}$일 때, 일차부등식 $(3a+2b)x-a+b>0$의 해를 구하시오. (단, a, b는 상수)

08 x에 대한 일차부등식 $(3a-2b)x-2a+4b<0$의 해가 $x>\dfrac{3}{2}$일 때, 부등식 $(a-2b)x+4a-2b>0$의 해를 구하시오. (단, a, b는 상수)

09 부등식 $4x-1<2x+2\leq 5x+5$를 만족시키는 정수 x의 개수를 a라 하고, 부등식 $-3x<4x-\dfrac{1}{2}\leq\dfrac{5}{2}$를 만족하는 정수 x의 개수를 b라 할 때, 부등식 $(b-a)x>0$의 해를 구하시오.

10 분자, 분모의 합이 **50**인 기약분수가 있다. 이것을 소수점 아래 둘째 자리에서 반올림하면 **0.4**가 된다. 이 분수를 구하시오.

11 영수가 기차를 타러 갔는데, 출발 시각까지 **20**분의 여유가 있어 이 시간을 이용하여 시속 **3 km**로 걸어서 물건을 사오려고 한다. 물건을 사는 데 **10**분이 걸린다면 역에서 몇 **km** 이내에 있는 상점까지 이용할 수 있는지 구하시오.

12 **A** 회사에서 만든 기계 **1**대로 일하면 **20**일 만에 끝낼 수 있는 일의 양을 **B** 회사에서 만든 기계 **1**대로 일하면 **28**일 만에 끝낼 수 있다. **A** 회사 기계와 **B** 회사 기계를 합한 총 **24**대의 기계로 하루 만에 일을 끝내려면 **A** 회사 기계가 최소 몇 대 필요한지 구하시오.

13 분모, 분자가 양의 정수인 기약분수가 있다. 이 분수의 분모에 4를 더한 것은 $\dfrac{3}{16}$과 같고, 분자에 3 을 더한 것은 $\dfrac{1}{4}$보다 클 때, 이 기약분수를 구하시오.

NOTE

14 A, B 2개의 물통에 물을 넣고 있는 데, 각 물통마다 10초에 2 L씩 넣는다고 한다. 현재 물통 A에 는 24 L, 물통 B에는 8 L가 들어 있다면 몇 초 후부터 물통 A의 물의 양이 물통 B의 물의 양의 2 배 이하가 되는지 구하시오.

15 세 변의 길이의 합이 20인 삼각형 중에서 각 변의 길이가 모두 정수인 이등변삼각형의 개수를 구 하시오.

16 오른쪽 표는 100 g당 식품 A, B의 열량과 단백질의 양을 나타낸 것이다. A, B를 합한 300 g의 식품에서 열량은 400 cal 이상 단백질은 25 g 이상 되게 하려고 할 때, 식품 A의 무게의 범위를 구하시오.

식품	열량(cal)	단백질(g)
A	230	4
B	130	9

17 A, B, C, D 네 사람의 나이의 합은 138세, A, B, C 세 사람의 나이의 합은 100세, B, C, D 세 사람의 나이의 합은 111세이다. A, B, C, D 네 사람의 나이를 각각 a세, b세, c세, d세라 할 때, $a<b<c<d$인 관계가 있다. B의 나이를 구하시오.

18 5 %의 소금물 400 g에 11 %의 소금물을 적당히 섞어서 7 % 이상 8 % 이하의 소금물을 만들려고 한다. 11 %의 소금물을 얼마나 섞어야 하는지 구하시오.

01 x에 대한 일차부등식 $\dfrac{a}{2}x+3a-\dfrac{x-ax}{3}<\dfrac{2ax-1}{2}$이 $x=1$을 만족하지 않을 때, a의 값의 범위를 구하시오.

02 x에 대한 일차부등식 $(a+2b)x+3a-b<0$의 해가 $x>-\dfrac{1}{5}$일 때, 일차부등식 $(a+b)x+(a-b)>0$의 해를 구하시오. (단, a, b는 상수)

03 다음 두 부등식을 동시에 만족시키는 정수 a, b의 순서쌍 (a, b)는 모두 몇 개인지 구하시오.

$$-4\le 2a+b\le 0,\ \ 0\le 2a-b\le 4$$

04 부등식 $x+2a < 3-\dfrac{5-x}{2} \leq \dfrac{3x+5}{4}$ 를 만족하는 정수 x가 3개일 때, 상수 a의 값의 범위를 구하시오.

05 a가 자연수이고, $0 < \dfrac{2}{3}a+1 < 2$를 만족할 때, x에 대한 부등식 $1+2x+a \leq \dfrac{3}{2}(x+1) < 3x-a$ 를 풀어 보시오.

06 기호 $[a]$는 a를 소수점 아래 첫째 자리에서 반올림한 정수를 나타낸다. 부등식 $3 < \left[\dfrac{x+2}{2}\right] < 8$ 을 만족하는 x의 범위를 구하시오.

NOTE

Ⅱ 일차부등식

07 a, b, c, d가 세 개의 부등식 $c < a < 38$, $d < b < 24$, $12 < a - b < 28$을 만족할 때, $\dfrac{a}{b}$의 값의 범위를 구하시오.

08 어떤 자연수 x가 있다. $\dfrac{5}{3}(x-1)$의 값을 계산하여 소수 첫째 자리에서 반올림하였더니 $2 + x$와 같을 때, 자연수 x의 값을 모두 구하시오.

09 부등식 $3a + 4b - 2 < (a + 3b)x < a - b + 3$을 만족하는 x의 범위가 $7 < x < 8$이 되도록 a, b의 값을 구하시오.

10 석기, 한별, 상연 세 명이 100개 이하의 구슬을 나누어 가지려 한다. 석기는 한별이의 3배, 상연이의 4배의 구슬을 가지려고 할 때, 석기가 가질 수 있는 최대의 구슬의 수를 구하시오.

11 인천항에서 배표를 팔기 시작했을 때 이미 200명이 줄을 서 있었고, 1분마다 15명의 새로운 사람이 줄을 선다고 한다. 발매 창구가 1개일 때는 40분만에 줄 서 있는 사람이 모두 없어지게 된다. 10분 이내에 줄 서 있는 사람이 모두 없도록 하려면 발매 창구는 적어도 몇 개 더 있어야 하는지 구하시오.

12 동민이네 학교의 2학년 학생 전체가 강당의 긴 의자에 앉는 데, 한 의자에 5명씩 앉으면 12명이 남고, 6명씩 앉으면 의자가 6개가 남는다고 한다. 이때 2학년 전체 학생 수를 구하시오. (단, 의자 수는 소수개이다.)

NOTE

13 어떤 모임에서 회비를 모으는 데 1인당 5000원씩 하면 9500원이 남고, 4500원씩 하면 2000원 미만이 부족하다고 한다. 이 모임의 최대 인원 수와 최소 인원 수의 합을 구하시오.

14 a %의 소금물 250 g과 b %의 소금물 300 g을 혼합하여 8 %의 소금물을 만들었다. b는 a보다 크고, a의 1.5배보다 작을 때, $a+b$의 값을 구하시오. (단, a는 정수)

15 석훈이네 학교의 1학년 합창단 학생 수는 12명으로 전체 합창단 학생 수에 17을 더한 후 $\frac{1}{3}$배 한 수보다 작다. 또, 2학년 합창단 학생 수는 전체 합창단 학생 수에서 3을 더한 후 $\frac{2}{5}$배 한 수와 같고, 1학년 합창단 학생 수에서 2학년 합창단 학생 수를 뺀 수는 전체 합창단 학생 수를 $\frac{1}{8}$배 한 수보다 크다. 전체 합창단 학생 수를 구하시오.

16 한솔이네 학교에서 학생들에게 귤을 나누어 주는 데, 한 학생에게 5개씩 주면 6개가 남고, 6개씩 주면 두 학생은 하나도 받지 못한다. 귤의 개수 N의 범위가 $a \leq N \leq b$일 때, $b-a$의 값을 구하시오.

17 운동회의 참가자에게 기념품으로 컵을 1개씩 선물하기 위해 컵 100개가 들어 있는 상자를 몇 개 준비하였다. 참가자가 1400명 초과 1800명 미만이어서 준비한 컵이 부족하였다. 그래서 컵이 80개 들어 있는 상자를 처음 준비했던 100개 들어 있는 상자의 $\frac{1}{5}$만큼 더 준비하여 한 개씩 전원에게 나누어 주었더니, 처음에 부족했던 수보다 많은 개수의 컵이 남았다. 처음에 준비했던 100개 들이 상자의 수를 구하시오.

18 한별이네 회사의 작년 사원 수는 50명 미만이었고, 남녀 사원 수의 비는 3 : 2이었다. 그런데 올해 남녀 사원을 같은 인원으로 채용하였더니 남녀 사원 수의 비가 10 : 7이 되고, 총 사원의 수는 50명을 넘었다. 올해 채용한 사원 수를 구하시오.

01 x에 대한 부등식 $2x+a<2-\dfrac{2-x}{2}<\dfrac{3x-1}{3}$을 만족하는 정수가 5개일 때, a의 범위를 구하시오.

02 세 정수 p, q, r이 다음 조건을 만족할 때, $p+q+r$의 값 중 가장 큰 수를 구하시오.

$$p<q<r, \quad p+r=25, \quad 3p-q+r=25$$

03 다음 식을 만족시키는 세 정수 a, b, c의 순서쌍 (a, b, c)는 모두 몇 개인지 구하시오.

$$a^2+a+b^2+b+c^2+c\leq2(a+b+c+1)$$

04 양수 a를 소수점 아래 첫째 자리에서 반올림한 수를 $\langle a \rangle$로 나타내기로 하자. 예를 들어, $\langle 3.2 \rangle = 3$, $\langle 4.7 \rangle = 5$이다. 이때 부등식 $|4x-9| \le 15$를 만족시키는 x의 값에 대하여 $\left\langle \dfrac{x}{3} + 5 \right\rangle$ 의 값이 될 수 있는 수들의 합을 구하시오.

05 다혜는 280개가 넘지 않는 공을 가지고 있었는데 검은공과 하얀공의 개수의 비가 3 : 2였다. 그런데 동생에게 같은 개수의 검은공과 하얀공을 합하여 70개 이상 주었더니 남은 공의 검은공과 하얀공의 개수의 비가 7 : 4였다. 다혜가 현재 가지고 있는 하얀공의 개수를 구하시오.

06 민기가 외국여행을 하면서 친구에게 줄 선물로 인형과 열쇠고리를 모두 합하여 24개를 사고 120 달러를 지불하였다. 인형 한 개의 값은 열쇠고리 한 개의 값보다 3달러가 비싸고, 인형의 개수는 열쇠고리의 개수보다 적을 때, 민기가 산 인형 전체 금액을 구하시오. (단, 물건의 개수와 값은 자연수이다.)

07 파란색 그릇에는 x %의 소금물 $200\,\text{g}$이 들어 있고, 빨간색 그릇에는 $(x+6)$ %의 소금물 $300\,\text{g}$ 이 들어 있다. 파란색 그릇에서 소금물 $100\,\text{g}$을 떠서 빨간색 그릇에 넣어 섞은 후, 빨간색 그릇에 서 소금물 $100\,\text{g}$을 떠서 파란색 그릇에 넣어 섞고, 물 $200\,\text{g}$을 파란색 그릇에 넣어 섞었더니 파란 색 그릇의 소금물의 농도가 2 % 이상 3 % 이하가 되었다. 이때 자연수 x의 값을 모두 구하시오.

08 오른쪽 그림에서 a, b, c, d, e, f, g, h의 위치에 1, 2, 3, 4, 5, 6, 7, 8을 각각 한 개씩 넣어서 각 원 안의 세 수의 합이 모두 같게 되도 록 만들려고 한다. 이때 그 합들 중 가장 작은 값을 구하시오.

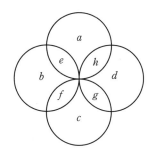

09 음이 아닌 정수 a, b, c, d, e에 대하여 $a+b+c+d+e=600$이 성립한다. $a+b$, $b+c$, $c+d$, $d+e$ 중 가장 큰 값을 M이라 할 때 M의 최솟값을 구하시오.

Ⅲ 연립일차방정식

1. 연립일차방정식

① 연립일차방정식

(1) 미지수가 2개인 일차방정식 : 미지수가 2개이고 차수가 1인 방정식이므로 두 미지수 x, y에 관한 일차방정식은
   $ax+by+c=0$(a, b, c는 상수, $a \neq 0$, $b \neq 0$)의 꼴로 나타낼 수 있다.

(2) 미지수가 2개인 연립일차방정식 : 미지수가 2개인 일차방정식 2개를 한 쌍으로 묶어서 나타낸 것
   ① 연립방정식의 해 : 두 일차방정식을 동시에 만족시키는 x, y의 값 또는 그 순서쌍 (x, y)
   ② 연립방정식을 푼다 : 연립방정식의 해를 구하는 것

(3) 연립방정식의 풀이
   ① 가감법 : 두 일차방정식을 변끼리 더하거나 빼서서 한 미지수를 소거하여 연립방정식의 해를 구하는 방법
   ② 대입법 : 연립방정식에서 한 방정식을 다른 방정식에 대입하여 한 미지수를 소거하여 연립방정식의 해를 구하는
      방법

핵심 ① 다음 등식을 정리하였을 때, 미지수가 2개인 일차방정식이 되기 위한 상수 a, b의 조건을 구하시오.

$$-5x^2+4x+2+3x=ax^2+x+3y+bx-4$$

핵심 ② 다음 연립방정식의 해를 구하시오.

$$\begin{cases} \dfrac{x-4}{2}=\dfrac{2x+y-5}{3} \\ \dfrac{x+y-2}{3}=\dfrac{x+2y-13}{5} \end{cases}$$

핵심 ③ 연립방정식 $\begin{cases} 2x+3y=6 \\ x+ay=-11 \end{cases}$ 의 해를 $x=p$, $y=q$라 할 때, $-3p+q=13$이 성립한다. 이때 $a+p+q$의 값을 구하시오.

핵심 ④ 연립방정식 $\begin{cases} 4x+7y=2 \\ 6x+ay=8 \end{cases}$ 을 풀어서 구한 해에 각각 1을 더하면 연립방정식 $\begin{cases} bx-2y=-12 \\ 8x+9y=11 \end{cases}$ 의 해가 된다고 한다. 이때 두 상수 a, b에 대하여 $a+b$의 값을 구하시오.

예제 **1** 연립방정식 $\begin{cases} \dfrac{3}{x+y} - \dfrac{2}{x-y} = -7 \\ \dfrac{1}{x+y} + \dfrac{4}{x-y} = 7 \end{cases}$ 의 해를 구하시오.

Tip $\dfrac{1}{x+y} = X$, $\dfrac{1}{x-y} = Y$로 치환하여 X, Y에 대한 새로운 연립방정식을 세워 해를 구한다.

풀이 $\dfrac{1}{x+y} = X$, $\dfrac{1}{x-y} = Y$로 치환하면 주어진 연립방정식은 $\begin{cases} 3X - 2Y = -7 & \cdots \text{㉠} \\ X + 4Y = 7 & \cdots \text{㉡} \end{cases}$

$2 \times$㉠$+$㉡에서 $7X = \boxed{}$ $\qquad \therefore X = \boxed{}$

이것을 ㉡에 대입하여 풀면 $Y = \boxed{}$

$\dfrac{1}{x+y} = X$에서 $x+y = \dfrac{1}{X}$, $\dfrac{1}{x-y} = Y$에서 $x-y = \dfrac{1}{Y}$

따라서 연립방정식 $\begin{cases} x+y = \boxed{} \\ x-y = \dfrac{1}{2} \end{cases}$ 을 풀면 $x = \boxed{}$, $y = \boxed{}$ 이다.

답 _____

응용 **1** 연립방정식 $\begin{cases} ax + y = 12 & \cdots \text{㉠} \\ 3x - 2y = a & \cdots \text{㉡} \end{cases}$ 의 해가 $xy = 0$을 만족하도록 하는 양수 a의 값을 구하고, 그 때의 연립방정식의 해를 구하시오.

응용 **2** 다음 세 식을 모두 만족시키는 x, y, z의 값을 각각 구하시오.

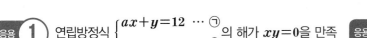

$$\dfrac{xy}{x+y} = \dfrac{1}{3}, \quad \dfrac{yz}{y+z} = \dfrac{1}{4}, \quad \dfrac{zx}{z+x} = \dfrac{1}{5}$$

응용 **3** 연립방정식 $\begin{cases} a + 3ab + b = 23 & \cdots \text{㉠} \\ 2a - ab + 2b = 4 & \cdots \text{㉡} \end{cases}$ 을 만족하는 a, b에 대하여 $\dfrac{1}{a} + \dfrac{1}{b}$의 값을 구하시오.

응용 **4** 두 수 a, b에 대하여 $a \triangle b$는 a, b 중 작지 않은 것, $a \triangledown b$는 a, b 중 크지 않은 것으로 정의하자. 이때 x, y에 대한 연립방정식 $\begin{cases} x \triangle y = 2x + 3y - 1 \\ x \triangledown y = -x - y - 7 \end{cases}$ 의 해를 구하시오.

(단, $x \neq y$)

02 복잡한 연립방정식

(1) 괄호가 있는 연립방정식 : 분배법칙을 이용하여 괄호를 푼 후 동류항끼리 계산하여 식을 간단히 정리한다.

(2) 계수가 분수 또는 소수인 연립방정식

양변의 모든 항에 적당한 수를 곱하여 계수를 정수로 바꾼다.

(3) $A=B=C$ 꼴의 연립방정식의 풀이

다음 세 연립방정식과 그 해가 모두 같으므로 가장 간단한 것 하나를 선택하여 푼다.

$$\begin{cases} A=B \\ A=C \end{cases} \quad \begin{cases} A=B \\ B=C \end{cases} \quad \begin{cases} A=C \\ B=C \end{cases}$$

핵심 1 연립방정식 $\dfrac{x+y-2}{3}=\dfrac{x-y+a}{4}=\dfrac{x+8}{5}$

을 만족시키는 y의 값이 4일 때, 상수 a의 값을 구하시오.

핵심 2 연립방정식 $\begin{cases} 2x-y+z=3 & \cdots \ ㉠ \\ x-2y+z=0 & \cdots \ ㉡ \\ x+y-2z=-3 & \cdots \ ㉢ \end{cases}$ 의 해를

$x=a$, $y=b$, $z=c$라 할 때, 다음 두 학생의 대화 내용을 참고하여 abc의 값을 구하시오.

> 창섭 : 유진아, 미지수가 x, y, z의 3개인 연립방정식의 해를 구해야 하는데 어떡하지?
>
> 유진 : 일단은 미지수 3개 중에서 한 개를 소거해서 미지수가 2개인 연립방정식을 만들어 보는 거야. 어디보자… 각 식에 적당한 수를 곱해서 z를 소거해 보는 건 어때?

핵심 3 한 자리의 두 자연수 x, y에 대하여 두 순환소수 A, B는 $A=0.\dot{x}\dot{y}$, $B=0.\dot{y}\dot{x}$이다. $C=x+y$일 때, 두 순환소수 A, B가 연립방정식

$$\begin{cases} 44A+10B=20+0.\dot{C} \\ -11A+10B=1.\dot{4} \end{cases}$$ 을 만족시킨다고 한다. 다음 물음에 답하시오.

(1) 두 순환소수 A, B를 x, y에 대한 식으로 나타냈을 때, □ 안에 알맞은 수를 써넣으시오.

$$A=0.\dot{x}\dot{y}=\dfrac{\boxed{}\,x+y}{99},\ B=0.\dot{y}\dot{x}=\dfrac{x+\boxed{}\,y}{90}$$

(2) (1)에서 구한 식을 연립방정식에 대입하여 x, y의 값을 각각 구하시오.

(3) 두 순환소수 A, B를 각각 기약분수로 나타내시오.

예제 2 연립방정식 $\begin{cases} |x|+y=8 \\ y-|x|=4 \end{cases}$ 를 만족시키는 x, y의 값이 $x+y+z=5$를 만족시킬 때, z의 값을 구하시오.

Tip 절댓값 기호가 포함된 연립방정식의 해를 구하는 문제에서 $|x|=a$이면 $x=\pm a$임을 이용하여 x에 값에 따른 y, z의 값을 각각 구한다.

풀이 $\begin{cases} |x|+y=8 & \cdots \bigcirc \\ -|x|+y=4 & \cdots \bigcirc \end{cases}$ 에서

$\bigcirc+\bigcirc$을 하면 $2y=\boxed{}$ $\therefore y=\boxed{}$

$y=6$을 $\bigcirc$에 대입하면 $|x|+6=8$ $\therefore |x|=2$

(i) $x=2$일 때

$\quad x+y+z=2+6+z=5$ $\therefore z=-3$

(ii) $x=\boxed{}$일 때

$\quad x+y+z=\boxed{}+6+z=5$ $\therefore z=\boxed{}$

따라서 (i), (ii)에 의하여 $z=-3$ 또는 $z=\boxed{}$

답 _____

응용 1 연립방정식 $\begin{cases} 0.\dot{2}x+0.\dot{6}y=1.\dot{1} \\ \dfrac{x-2y}{3}-\dfrac{2x+y}{4}=\dfrac{5}{6} \end{cases}$ 의 해를 구하시오.

응용 2 두 연립방정식 $\begin{cases} (3y-1):(x-4)=2:1 \\ x+my=9 \end{cases}$,

$\begin{cases} 1.6x-0.9y=4.1 \\ nx+5y=7 \end{cases}$ 은 한 쌍의 공통인 해를 가질 때,

상수 m, n에 대하여 $m+n$의 값을 구하시오.

응용 3 연립방정식 $\begin{cases} x+y-z=0 \\ \dfrac{3}{2}x+4y-3z=0 \end{cases}$ 을 만족시키는 자연수 x, y, z의 최소공배수가 180일 때, x, y, z의 값을 각각 구하시오.

응용 4 연립방정식 $x-3y+z=2x-y+z=x+y-3z$를 만족시키는 x, y, z에 대하여

$\dfrac{x}{y+z}+\dfrac{y}{z+x}+\dfrac{z}{x+y}$의 값을 구하시오. (단, $y \neq 0$)

III 연립일차방정식

(1) 해가 무수히 많은 연립방정식

두 방정식 중 어느 한 쪽의 방정식을 변형했을 때, 나머지 방정식과 일치하면 이 연립방정식의 해는 무수히 많다.

➡ 미지수를 소거하면 $0 \cdot x + 0 \cdot y = 0$의 꼴

참고 $\begin{cases} ax+by=c \\ a'x+b'y=c' \end{cases}$ 의 해가 무수히 많을 조건 $\dfrac{a}{a'}=\dfrac{b}{b'}=\dfrac{c}{c'}$

예 $\begin{cases} x-2y=3 & \cdots \ \text{㉠} \\ 2x-4y=6 & \cdots \ \text{㉡} \end{cases}$

$\xrightarrow{\text{㉠} \times 2} \begin{cases} 2x-4y=6 \\ 2x-4y=6 \end{cases}$

$\therefore \ 0 \cdot x + 0 \cdot y = 0$

(2) 해가 없는 연립방정식

두 방정식 중 어느 한 쪽의 방정식을 변형했을 때, 나머지 방정식과 x, y의 계수는 같으나 상수항이 다르면 이 연립방정식은 해가 없다.

➡ 미지수를 소거하면 $0 \cdot x + 0 \cdot y =$ (0이 아닌 수)의 꼴

참고 $\begin{cases} ax+by=c \\ a'x+b'y=c' \end{cases}$ 의 해가 없을 조건 $\dfrac{a}{a'}=\dfrac{b}{b'}\neq\dfrac{c}{c'}$

예 $\begin{cases} x-2y=2 & \cdots \ \text{㉠} \\ 2x-4y=6 & \cdots \ \text{㉡} \end{cases}$

$\xrightarrow{\text{㉠} \times 2} \begin{cases} 2x-4y=4 \\ 2x-4y=6 \end{cases}$

$\therefore \ 0 \cdot x + 0 \cdot y = -2$

핵심 1 연립방정식 $\begin{cases} -4x+by=0 \\ 2x-3y=by \end{cases}$ 가 $x=0$, $y=0$ 이외의 해를 가질 때, 상수 b의 값을 구하시오.

핵심 2 x, y에 대한 연립방정식 $\begin{cases} 5x-4y=2a-1 \\ (2-b)x+8y=-22 \end{cases}$ 에서 a, b의 값에 따른 해를 설명한 내용이 옳은 학생을 모두 말하시오.

> 민재 : $a=0$, $b=0$이면 해가 1쌍이다.
>
> 보라 : $a=\dfrac{1}{2}$, $b=12$이면 해가 없다.
>
> 세연 : $a=6$, $b=-8$이면 해가 무수히 많다.
>
> 우석 : $a=6$, $b=12$이면 해가 1쌍이다.

핵심 3 연립방정식 $\begin{cases} 2x+ay=20 \\ 3x+5y=9a \end{cases}$ 는 해가 무수히 많고, 일차방정식 $(b+a+5)x+(b-2)=0$은 해가 없을 때, 다음 물음에 답하시오. (단, a, b는 상수)

(1) 일차방정식 $(b+a+5)x+(b-2)=0$이 해를 갖지 않을 조건을 구하시오.

(2) 상수 a의 값을 구하시오.

(3) b의 값을 구하시오.

예제 3 연립방정식 $\begin{cases} 2x-y=a^2-2 & \cdots \ ㉠ \\ -6x+|a|y=\dfrac{11}{3}a-10 & \cdots \ ㉡ \end{cases}$ 의 해가 무수히 많을 때, 상수 a의 값을 구하시오.

Tip ① $k>0$일 때, $|a|=k$이면 $a=\pm k$이다.
② 연립방정식의 두 방정식 중 하나의 일차방정식을 변형하였을 때, 나머지 방정식과 일치하게 하는 상수 a의 값을 구한다.

풀이 ㉠$\times(-3)$을 하면, $-6x+3y=-3a^2+6 \ \cdots \ ㉢$

이 연립방정식의 해가 무수히 많으므로 ㉡과 ㉢은 일치하여야 한다.

따라서 $|a|=\boxed{}$ $\therefore a=\boxed{}$

(i) $a=3$일 때,

$\dfrac{11}{3}a-10=1$, $-3a^2+6=-21$이 되어 ㉡과 ㉢은 일치하지 않는다.

(ii) $a=\boxed{}$일 때,

$\dfrac{11}{3}a-10=\boxed{}$, $-3a^2+6=-21$이 되어 ㉡과 ㉢은 일치한다.

따라서 (i), (ii)에 의해 $a=\boxed{}$ **답** _____

응용 1 연립방정식 $\begin{cases} 3x+7y=y-9 \\ 2x-(a-5)y+b=0 \end{cases}$ 의 해가 무수히 많을 때, 일차방정식 $ax+by=43$의 해 중 x, y가 모두 자연수인 순서쌍 (x, y)를 모두 구하려고 한다. 다음 물음에 답하시오. (단, a, b는 상수)

(1) 상수 a, b의 값을 각각 구하시오.

(2) 순서쌍 (x, y)의 개수를 구하시오.

응용 2 연립방정식 $\begin{cases} ax+by+c=0 \\ -bx-cy+a=0 \end{cases}$ 의 해가 2개 이상일 때, $x-y$의 값을 구하시오. (단, $abc \neq 0$)

응용 3 유리수 m, n, p, q에 대하여 연산 ▲은 $\langle m, \ p \rangle ▲ \langle n, \ q \rangle = mn+pq$로 계산된다. 다음 연립방정식의 해가 없을 때, 상수 a의 값을 구하려고 한다. 물음에 답하시오.

$$\begin{aligned} \Big\langle \tfrac{1}{4}, \ y \Big\rangle ▲ \Big\langle x-ay, \ \tfrac{1}{2} \Big\rangle &= \langle 5, \ 3 \rangle ▲ \langle -2, \ 3 \rangle \\ &= \langle 0.6, \ -x \rangle ▲ \langle y, \ 0.2 \rangle \end{aligned}$$

(1) $\Big\langle \dfrac{1}{4}, \ y \Big\rangle ▲ \Big\langle x-ay, \ \dfrac{1}{2} \Big\rangle$을 간단히 하시오.

(2) $\langle 0.6, \ -x \rangle ▲ \langle y, \ 0.2 \rangle$를 간단히 하시오.

(3) 상수 a의 값을 구하시오.

04 연립방정식의 활용

(1) 연립일차방정식의 활용의 풀이 순서

① 미지수 정하기 : 무엇을 미지수 x, y로 나타낼 것인가를 정한다.

② 연립방정식 풀기 : x, y를 사용하여 문제의 뜻에 맞게 연립방정식을 세운 후 연립방정식을 푼다.

③ 확인하기 : 구한 해 (x, y)가 문제의 뜻에 맞는지 확인한다.

(2) 연립방정식을 이용한 여러 가지 활용 문제

① (속력)$=\dfrac{(거리)}{(시간)}$, (소금물의 농도)$=\dfrac{(소금의 양)}{(소금물의 양)} \times 100\,(\%)$, 도형의 넓이, 부피를 구하는 공식 이용하여 푼다.

② 자릿수, 물건의 개수와 가격, 이익(할인), 두 사람(기계)의 일률, 게임을 통해 얻은 점수(위치 이동) 등의 활용 문제가 있다.

핵심 ① A, B 두 사람이 가위바위보를 해서 계단을 올라가는 게임을 할 때, 이긴 사람은 2계단씩 올라가고, 진 사람은 1계단씩 내려간다고 한다. 처음보다 A는 32계단을, B는 14계단을 올라갔을 때, A가 이긴 횟수를 구하시오. (단, 비기는 경우는 생각하지 않는다.)

핵심 ③ 음악실의 긴 의자에 학생들이 앉는데 한 의자에 3명씩 앉으면 11명의 학생이 남고, 4명씩 앉으면 한 자리가 남는다고 한다. 의자의 개수와 학생 수를 각각 구하시오.

핵심 ④ 어느 공장에서 지난달에 A, B 제품을 400개를 생산하였다. 이번 달에는 생산량이 지난달에 비하여 A제품은 10 % 감소하였고, B제품은 6 % 증가하여서 전체 6 % 감소하였다고 한다. 이번 달의 A, B제품의 생산량을 각각 구하시오.

핵심 ② 오른쪽 식은 세 자리의 자연수끼리 뺄셈을 한 것이다. 이 식을 만족시키는 한 자리의 자연수 x, y를 각각 구하시오.

$$
\begin{array}{r}
8\ \ 3\ \ x \\
-\ \ 4\ \ x\ \ y \\
\hline
3\ \ y\ \ 6
\end{array}
$$

예제 4 오른쪽 표와 같이 4개의 그릇 A, B, C, D에 서로 다른 양의 소금물이 담겨져 있다. 그릇 B와 C에 담겨져 있는 소금물을 섞었더니 농도가 7 %인 소금물이 되었다. 또, 그릇 A와 B에 녹아 있는 소금의 양의 합보다 그릇 D에 녹아 있는 소금의 양이 21 g이 더 많고, 그릇 A와 C에 녹아 있는 소금의 양의 합은 그릇 D에 녹아 있는 소금의 양의 두 배보다 32.4 g이 더 적다고 한다. 이때 $a+d$의 값을 구하시오. (단, a, b, c, d는 300 이상 600 이하인 수이다.)

	A	B	C	D
소금물의 양(g)	a	b	c	d
농도(%)	2	5	8	12

Tip 각 그릇에 녹아 있는 소금의 양을 이용한 연립일차방정식을 세울 수 있다.

풀이 각 그릇에 녹아 있는 소금의 양은 A : $\dfrac{2a}{100}$ g, B : $\dfrac{5b}{100}$ g, C : $\dfrac{8c}{100}$ g, D : $\dfrac{12d}{100}$ g

$$\begin{cases} \dfrac{5}{100}b + \dfrac{8}{100}c = \dfrac{7}{100}(b+c) \\ \dfrac{2}{100}a + \dfrac{5}{100}b + 21 = \dfrac{12}{100}d \\ \dfrac{2}{100}a + \dfrac{8}{100}c + 32.4 = 2 \times \dfrac{12}{100}d \end{cases} \Rightarrow \begin{cases} \boxed{}b = c & \cdots \text{㉠} \\ 2a + 5b + 2100 = 12d & \cdots \text{㉡} \\ a + 4c + \boxed{} = 12d & \cdots \text{㉢} \end{cases}$$

b와 c의 수의 범위 내에서 c가 b의 $\boxed{}$배이므로 $b=300$, $c=\boxed{}$

$b=300$, $c=\boxed{}$을 ㉡, ㉢에 대입하면 $\begin{cases} 2a + 3600 = 12d \\ a + \boxed{} = 12d \end{cases}$ ∴ $a=\boxed{}$, $d=\boxed{}$

∴ $a+d=\boxed{}$

답 _____

응용 1 10 km 떨어진 강의 두 지점을 같은 속력으로 왕복하는 배가 있다. 강물을 거슬러 올라가는 데 배가 고장나서 1시간 동안 떠 내려가는 바람에 4시간이 걸렸고, 강물을 따라 다시 돌아오는 데는 1시간 15분이 걸렸다. 정지된 물에서의 배의 속력을 구하시오. (단, 흐르는 강물의 속력은 일정하다.)

응용 2 A, B 두 종류의 옷을 8만 원에 구입하여 각각 30 %, 20 %의 이익을 붙인 값을 정가로 하여 판매하려 하였으나 잘 팔릴 것 같지 않아 A는 정가의 20 %, B는 정가의 10 %를 할인하여 판매했더니 4480원의 이익이 났다. 옷 A, B의 원가를 각각 구하시오.

응용 3 A, B, C가 함께 일하면 4일이 걸리는 어떤 일을 B와 C가 함께하면 12일이 걸린다고 한다. 같은 일을 A가 2일 동안 한 후 남겨 두었을 때, B와 C가 며칠 동안 함께 일하면 끝낼 수 있는지 구하시오.

응용 4 오른쪽 표는 두 식품 A, B에 각각 들어 있는 탄수화물과 지방의 비율을 백분율로 나타낸 것이다. 두 식품을 섭취하여 탄수화물 120 g, 지방 80 g을 얻으려면 식품 A, B를 모두 합하여 몇 g을 섭취해야 하는지 구하시오.

	A	B
탄수화물(%)	16	20
지방(%)	14	5

01 연립방정식 $\begin{cases} 2x-5y=4 \\ ax+3y=3 \end{cases}$ 의 해와 연립방정식 $\begin{cases} 3x+y=-11 \\ 2x-by=2 \end{cases}$ 의 해가 같다고 할 때, 상수 a, b의 값을 구하시오.

02 A, B 두 사람이 연립방정식 $\begin{cases} ax-2y=-2 \\ 2x+by=3 \end{cases}$ 을 푸는 데, A는 a를 잘못 보고 풀어서 $x=3$, $y=-1$을 얻었고, B는 b를 잘못 보고 풀어서 $x=2$, $y=3$을 얻었다. 이 연립방정식의 옳은 해를 구하시오.

03 연립방정식 $\begin{cases} 2x+y=ax \\ x+3y=2ax \end{cases}$ 가 $x=0$, $y=0$ 이외의 해를 갖기 위한 상수 a의 값을 구하시오.

04 2개의 x, y에 대한 연립방정식 ㉮ : $\begin{cases} 9bx - 2y = -6a \\ 5x + 3y = -1 \end{cases}$, ㉯ : $\begin{cases} 3x + 4y = 13 \\ ax - 3by = -6 \end{cases}$ 이 있다.

㉮의 해 (x, y)에 각각 1을 더한 것이 ㉯의 해일 때, $a + 3b$의 값을 구하시오.

05 두 연립방정식 $\begin{cases} ax - by = 8 \\ \dfrac{9}{x} + \dfrac{4}{y} = 1 \end{cases}$, $\begin{cases} ax + by = 10 \\ \dfrac{6}{x} - \dfrac{8}{y} = 6 \end{cases}$ 의 해가 같을 때, $2a - \dfrac{1}{b}$의 값을 구하시오.

06 연립방정식 $\begin{cases} x + ay = 5 \\ 4x + 8y = 10a \end{cases}$ 의 해가 무수히 많을 때, $(b - a + 3)x + (b - 2) = 0$이 해를 갖지

않도록 하는 상수 b의 값을 구하시오. (단, a는 상수)

07 연립방정식 $\begin{cases} \dfrac{x+2}{3} = \dfrac{y+7}{2} = \dfrac{a+6}{4} \\ x+y+a-3=0 \end{cases}$ 을 만족하는 상수 a의 값을 구하시오.

08 x, y에 대한 연립방정식 $\begin{cases} 2x+5y=9-5m \\ 3x-y=-8-3m \end{cases}$ 의 해는 일차방정식 $x+2y=5-4m$의 해 중에서 하나라고 할 때, 상수 m의 값을 구하시오.

09 연립방정식 $\begin{cases} ax+by=12 \\ 3x+cy=3 \end{cases}$ 의 해를 구하는 데, c를 잘못 보고 풀어서 $x=0$, $y=6$을 얻었다. 연립방정식의 해가 $x=2$, $y=3$이라 할 때, $a+b+c$의 값을 구하시오.

10 A 제품과 B 제품 두 종류를 합하여 **30 kg**을 샀다. B 제품 **5 kg**의 가격은 A 제품 **4 kg**의 가격보다 **3000**원이 싸고, A 제품과 B 제품의 무게의 비를 8 : 7로 사는 것은 7 : 8로 사는 것보다 **2000**원 더 비싸다고 할 때, B 제품 **1 kg**의 가격을 구하시오.

11 A, B 두 종목의 경기를 하여 각각의 경기에 대해 상을 주었다. 상을 받은 사람은 모두 **20**명이었고, A 종목에서 상을 받은 사람은 B 종목에서 상을 받은 사람보다 **4**명 더 많았다. A 종목에서 상을 받은 사람은 모두 몇 명인지 구하시오. (단, 두 종목 모두에서 상을 받은 사람은 **6**명이다.)

12 아버지가 아들들에게 가진 돈을 다음과 같은 방법으로 나누어 주었다. 돈의 분배가 끝난 후 아들들이 받은 금액이 서로 같았을 때, 아들의 수를 구하시오.

> Ⅰ. 첫째 아들은 전체 중에서 먼저 100만 원을 가진 후 나머지의 $\frac{1}{10}$을 갖는다.
>
> Ⅱ. 둘째 아들은 첫째가 가진 나머지 중에서 200만 원을 가진 후 나머지의 $\frac{1}{10}$을 갖는다.
>
> Ⅲ. 셋째 아들은 첫째, 둘째가 가진 나머지 중에서 300만 원을 가진 후 나머지의 $\frac{1}{10}$을 갖는다.
>
> ⋮

13 A, B 두 종류의 합금이 있다. A 합금은 동이 70 %, 아연이 20 % 함유되어 있고, B 합금은 동이 40 %, 아연이 50 % 함유되어 있다. 이 두 종류의 합금을 섞어서 동이 135 kg, 아연이 81 kg 들어 있는 합금을 만들 때, 섞어야 할 A 합금의 양을 구하시오.

14 세 자리의 자연수가 있다. 일의 자리의 숫자는 십의 자리의 숫자보다 1이 작고, 세 자리의 숫자의 합은 14이다. 이 세 자리의 자연수에서 일의 자리의 숫자와 백의 자리의 숫자를 바꾸면 처음 수보다 99가 작다고 할 때, 처음 수를 구하시오.

15 1개당 가격이 각각 300원, 400원, 500원 하는 세 물건을 한 개 이상씩 샀는 데, 구입한 물건 수는 모두 18개이고, 8000원을 지불했다. 500원 하는 물건을 최대한 많이 샀을 때, 각각의 물건의 개수를 구하시오.

16 150 L 들이 물통에 A 호스로 7분, B 호스로 4분 동안 채웠더니 전체의 $\frac{3}{5}$이 채워졌고, A 호스로 5분, B 호스로 6분 동안 채웠더니 전체의 $\frac{8}{15}$이 채워졌다. A, B 두 호스로 물을 가득 채울 때 걸리는 시간을 구하시오.

17 A, B 두 문제 중에서 A를 맞힌 학생은 전체의 52 %, B를 맞힌 학생은 전체의 40 %이고, A, B를 모두 맞힌 학생은 A 또는 B를 맞힌 학생의 15 %일 때, A만 맞힌 학생은 전체의 몇 %인지 구하시오.

III
연립일차방정식

18 60명이 시험을 본 결과 25명이 불합격이었다. 최저 합격 점수는 60명의 평균보다 3점 낮았고, 합격자의 평균보다는 25점 낮았으며, 불합격자의 평균의 2배보다 10점 낮았다. 최저 합격 점수를 구하시오.

01 x, y에 대한 연립방정식 $\begin{cases} 4x-2y=5 \\ -x+3y=a \end{cases}$ 의 해 중 x의 값이 1 이상이 될 때, 정수 a의 값 중에서 가장 작은 것을 구하시오.

02 x, y에 대한 연립방정식 $\begin{cases} ax+y=-1 \\ x-y=a+2b \end{cases}$ 에서 x의 값은 2, y의 값은 정수, 상수 b는 $-0.7<b<-0.4$일 때, y의 값을 구하시오.

03 연립방정식 $\begin{cases} 5x-3y=z \\ -4x+3y=4z \end{cases}$ 가 성립하고, x, y, z의 최소공배수가 120일 때, $x+y+z$의 값을 구하시오.

04 2개의 연립방정식 ㉮ : $\begin{cases} 2x+y=4 \\ ax+2y=-1 \end{cases}$, ㉯ : $\begin{cases} 3x+2y=b \\ 2x+3y=5 \end{cases}$ 에서 ㉮의 해 x의 값과 ㉯의 해 y의

값이 같고, ㉮의 해 y의 값과 ㉯의 해 x의 값이 같을 때, $a+b$의 값을 구하시오.

05 연립방정식 $\begin{cases} 3ax+4y=1 \\ 15x+by=1 \end{cases}$ 의 해가 무수히 많을 때의 a, b에 대하여 $a+b$의 값을 A, 해가 없을

때의 (a, b)의 쌍의 개수를 B라 할 때, $A+B$의 값을 구하시오. (단, a, b는 자연수)

06 연립방정식 $\begin{cases} x+y=4xy \\ y+z=3yz \\ z+x=5zx \end{cases}$ 의 해를 $x=a$, $y=b$, $z=c$라 할 때, $a+b+c$의 값을 구하시오.

III

연립일차방정식

07 배는 한 개에 **5000**원, 사과는 한 개에 **3000**원, 귤은 3개에 **1000**원이다. **100000**원으로 100개의 과일을 사되 배를 가능한 한 많이 사려고 한다. 세 종류의 과일을 각각 몇 개씩 사야 하는지 구하시오.

08 오른쪽 그림과 같이 웅이는 A에서 E까지 B, C, D를 거쳐 시속 **50 km**로 1시간 6분 동안 자동차 여행을 하였고, 예슬이는 B와 D를 거치지 않고, A에서 E까지 시속 **60 km**로 48분 동안 자동차 여행을 하였다.

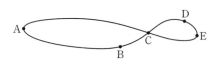

A에서 C까지 곧바로 가는 거리는 B를 거쳐 가는 거리보다 **5 km**가 짧고, C에서 E까지 곧바로 가는 거리는 D를 거쳐 가는 거리보다 **10 %**가 짧다고 한다. 예슬이가 A에서 C까지 이동한 거리를 구하시오.

09 어떤 음악회에서 5분짜리 곡과 7분짜리 곡을 섞어서 연주하여 공연 시간을 모두 1시간 27분으로 계획했으나, 오케스트라측과 협의하여 5분짜리 곡과 7분짜리 곡의 수를 바꾸어 연주하였더니 모두 1시간 33분이 걸렸다. 곡과 곡 사이에는 1분씩 쉬는 시간이 있다고 할 때, 처음에 연주하려고 계획한 7분짜리 곡의 수를 구하시오.

10 오른쪽 표는 어느 공장에서 제품 **A**, **B**를 각각 **1 kg** 만드는 데 필요한 원료 **C**, **D**의 양과 제품 **1 kg**당 이익을 나타낸 것이다. 원료 **C**를 **20 kg**, 원료 **D**를 **24 kg** 모두 사용하여 제품 **A**, **B**를 만들었을 때의 총 이익을 구하시오.

제품 \ 원료	C(kg)	D(kg)	이익(만 원/kg)
A	3	5	9
B	6	4	18

NOTE

11 **6 %**, **7 %**, **8 %**인 소금물의 총량이 **5600 g**이다. 이것을 모두 섞으면 **7.2 %**인 소금물이 되고, **7 %**와 **8 %**인 소금물을 섞으면 **7.4 %**인 소금물이 된다고 할 때, **6 %**인 소금물의 양을 구하시오.

12 **A**, **B**, **C** 세 명이 **P** 지점에서 **Q** 지점까지 가는 데, **A**, **B**는 동시에 출발하고 **C**는 7분 후에 출발하였다. **B**, **C**가 동시에 **Q** 지점에 도착했을 때, **A**는 **Q** 지점으로부터 **1500 m** 떨어진 곳에 있었고, **A**, **B**, **C**의 속력의 비는 **4 : 5 : 6**이었다. 세 명 모두 일정한 속력으로 움직일 때, **A**의 분속을 구하시오.

Ⅲ
연립일차방정식

13 원가가 동일한 세 종류의 상품 A, B, C가 있다. A, B, C를 1개 팔면 각각 원가의 a %, b %, 6 % 이익이 있고, A, B, C를 각각 150개, 150개, 300개 팔면 전체 원가의 8 %의 이익이 있다고 한다. A, B, C를 각각 200개씩 팔면 전체 원가의 몇 %의 이익이 있는지 구하시오.

NOTE

14 기념 우표 판매 창구에서 발매 전부터 줄을 서는 데, 일정한 비율로 사람 수가 늘어나고 있다. 창구가 하나이면 90분만에, 두 개이면 40분만에 줄이 없어지게 된다고 할 때, 판매 창구가 5개이면 줄이 없어지는 데 몇 분이 걸리는지 구하시오. (단, 창구에서 한 사람에 대하여 걸리는 시간은 일정하다.)

15 학생 60명이 시험을 보았는 데 그 중에서 $\frac{1}{3}$이 불합격이라고 한다. 합격 점수는 60명의 전체 평균보다 15점이 더 높고, 불합격자의 평균 점수의 3배이다. 또한, 합격자의 평균 점수는 합격 점수보다 8점이 더 높을 때, 합격 점수를 구하시오.

16 어떤 물건을 사는 데, p개까지는 몇 개를 사더라도 a원이고, p개를 초과하면 1개당 b원씩 더 지불하여야 한다고 한다. 지금 세 사람이 10개, 20개, 30개를 사고, 각각 2000원, 3260원, 5060원을 지불하였을 때, $a+b+p$의 값을 구하시오. (단, $p \geq 10$)

17 세 자연수 a, b, c에 대하여 $a+b-c=0$, $2a-6b+3c=0$이 성립한다. a, b, c의 최소공배수가 240일 때, a, b, c의 최대공약수를 구하시오.

III

연립일차방정식

18 효근이 아버지는 지하철 또는 버스를 타고 출퇴근을 하신다. 지난 한 해 동안 아침에 버스를 타고 196번 출근했고, 오후에 버스를 타고 퇴근하신 것은 169번이었으며, 지하철을 타고 출근 또는 퇴근을 하신 것은 121번이었다. 효근이 아버지가 지난 한 해 동안 근무한 날 수를 구하시오. (단, 지하철로만 출퇴근한 날은 없었다.)

01 연립방정식
$$\begin{cases} a+b+c=16 & \cdots\cdots ① \\ d+e+f=24 & \cdots\cdots ② \\ a+b+e=22 & \cdots\cdots ③ \\ c+d+f=18 & \cdots\cdots ④ \\ a+c+d=28 & \cdots\cdots ⑤ \\ b+e+f=12 & \cdots\cdots ⑥ \end{cases}$$ 일 때, $b+c+f$의 값을 구하시오.

02 서로 다른 두 수 x, y에 대하여 두 수 중 큰 수를 $x◇y$, 작은 수를 $x◎y$로 나타내기로 하자. 이 때 다음 연립방정식을 만족하는 x, y에 대하여 $17\{(x◇y)-(x◎y)\}$의 값을 구하시오.

$$\begin{cases} x◇y=3x-y+5 \\ x◎y=2x+5y-3 \end{cases}$$

03 x, y, z에 대한 다음 연립방정식의 해가 무수히 많을 때 상수 a, b의 값을 구하시오.

$$\begin{cases} x-2y+3z=-8 \\ 2x-3y+4z=-2a \\ 3x-4y+bz=0 \end{cases}$$

04 용희와 아버지는 용희가 **7걸음** 갈 때 아버지는 **5걸음** 가는 속력으로 달리기를 하고 있다. 이때 용희가 **5걸음** 간 거리는 아버지가 **3걸음** 간 거리와 같다고 한다. 용희가 **A** 지점을 출발하여 **40걸음** 달린 후 아버지가 같은 지점을 출발하여 용희를 쫓아갈 때, 아버지가 용희를 따라잡을 수 있는 걸음의 수를 구하시오.

05 어느 날 새벽 같은 시각에 호동이는 **A**지점에서 **B**지점으로 출발했고, 형동이는 **B**지점에서 **A**지점으로 출발하여 오전 **11시**에 서로 만났다. 그리고 이들은 쉬지 않고 계속 걸어서 호동이는 오후 **3시**에 **B**지점에 도착했고, 형동이는 오후 **8시**에 **A**지점에 도착했다. 이때 이들이 출발한 시각을 구하시오. (단, 호동이와 형동이는 각각 일정한 속력으로 걷는다.)

06 어느 과일 가게에서 구입한 바나나를 **10 %**가 팔리지 않아도 **20 %**의 이익이 남도록 이익을 붙여서 팔았다. 그 결과 팔리지 않은 바나나는 **10 kg**이고, 이익은 **25 %**였다고 한다. 처음 구입한 바나나의 무게를 구하시오. (단, 바나나는 **kg** 단위로 판매하고 팔리지 않은 것은 버린다.)

07 농도를 알 수 없는 소금물에 한 컵의 물을 넣었더니 농도가 **20 %** 되었다. 여기에 다시 같은 무게만큼의 소금을 넣어서 농도가 $33\frac{1}{3}$ **%** 되도록 하였다. 처음 소금물의 농도를 구하시오.

08 어느 학교 수학경시대회에서 응시생 중 성적이 상위 **40 %** 이내의 학생에게 상장을 수여하기로 했다. 그런데, 상을 받은 학생 중 최저 점수는 전체 응시생의 평균 점수보다 **4점**이 높고, 상을 받은 학생들의 평균 점수보다는 **10점**이 낮았다. 또, 상을 받지 못한 학생들의 평균 점수는 상을 받은 학생 중 최저 점수보다 **20점** 높은 점수의 $\frac{1}{3}$과 같았다. 전체 응시생의 평균 점수를 구하시오.

09 오른쪽 그림과 같이 둘레의 길이가 **1600 m**인 정사각형 **ABCD**가 있다. 한초와 규형이가 점 **A**에서 동시에 출발하여 일정한 속도로 각각 **A → B → C → D → A** 방향과 **A → D → C → B → A** 방향으로 돌아가 두 사람은 변 **CD** 위의 점 **C**로부터 **50 m**인 지점에서 처음으로 만나고, 변 **AB**의 중점에서 두 번째로 만났다. 두 사람이 점 **A**를 출발 후 세 번째로 만날 때까지 한초는 규형이보다 몇 **m**를 더 걸었는지 구하시오. (단, 두 사람은 정사각형의 각 꼭짓점에서 **50초**씩 쉰다고 한다.)

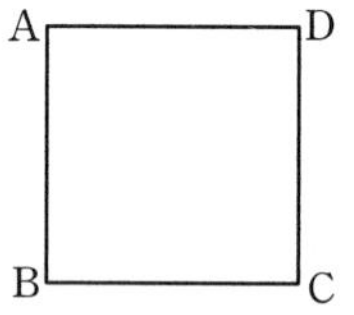

IV 일차함수

(1) 함수 : 두 변수 x, y에 대하여 x의 값이 정해짐에 따라 y의 값이 오직 하나씩 정해지는 대응 관계가 있을 때, y를 x의 함수라 하고 기호로 $y=f(x)$와 같이 나타낸다.

(2) 함숫값 : 함수 $y=f(x)$에서 x의 값에 따라 하나씩 정해지는 y의 값

(3) 일차함수 : 함수 $y=f(x)$에서 $y=ax+b$(a, b는 상수, $a\neq0$)와 같이 y가 x에 대한 일차식으로 나타내어질 때, 이 함수 $y=f(x)$를 x에 대한 일차함수라 한다.

> 참고 함수 $f(x)$에서 $y=ax+b$와 $f(x)=ax+b$는 같은 함수를 나타내는 다른 표현이다.

(4) 일차함수 $y=ax+b$의 그래프

① 평행이동 : 한 도형을 일정한 방향으로 일정한 거리만큼 이동하는 것

② 일차함수 $y=ax+b$($a\neq0$)에서 x의 값과 그 값에 따라 정해지는 y의 값의 순서쌍 (x, y)를 좌표로 하는 점 전체를 좌표평면 위에 나타낸 것

$b>0$ ➡ $y=ax$의 그래프를 y축을 따라 위쪽으로 평행이동

$b<0$ ➡ $y=ax$의 그래프를 y축을 따라 아래쪽으로 $|b|$만큼 평행이동

> 참고 일차함수 $y=ax+b$($a\neq0$)의 그래프를 x축의 방향으로 p만큼 평행이동한 그래프의 식은 x 대신 $x-p$를 대입한 식과 같다.
> ➡ $y=a(x-p)+b$

핵심 1 다음 중 y가 x에 대한 일차함수인 것을 모두 고르면?

(정답 2개)

① 둘레의 길이가 x cm인 직사각형의 넓이 y cm²

② 시속 70 km로 x시간 동안 간 거리가 y km

③ 주스 24 L를 학생 x명이 똑같이 남김없이 나누어 마셨을 때, 한 명이 마신 주스의 양 y L

④ 자연수 x와 서로소인 자연수 y

⑤ 5000원을 가지고 문구점에서 한 자루에 500원하는 볼펜 x자루를 사고 남은 거스름돈 y원

핵심 2 두 일차함수 $f(x)=-2ax+5$, $g(x)=-\dfrac{3}{2}x-b$ 에 대하여 $f(-4)=g(-4)=-3$일 때, $f(6)+3g(-2)$의 값을 구하시오. (단, a, b는 상수)

핵심 3 일차함수 $y=ax-b$의 그래프를 x축의 방향으로 -1만큼, y축의 방향으로 $3b$만큼 평행이동한 그래프가 점 $(1, 4)$를 지난다. $-3\leq a\leq-1$일 때, 상수 b의 값의 범위를 구하시오.

핵심 4 일차함수 $y=\dfrac{3}{2}x+n$의 그래프가 오른쪽 그림과 같은 마름모 ABCD와 만날 때, 상수 n의 값의 범위를 구하시오.

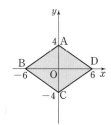

> 정답 및 풀이 **36**쪽

예제 1 다음과 같은 계산 기능(function)을 가진 세 계산기 F, G, H가 있다. 자연수 k를 계산기 H에 입력했을 때 중복을 제외하고 나오는 결과값의 개수는 n개이다. 이때 $F(n)-2G(n)$의 값을 구하시오.

> $F(x)$: 입력된 수 x에 4배를 하고, 그것에서 5를 더한다.
> $G(x)$: 입력된 수 x에 3배를 하고, 그것에 2를 뺀다.
> $H(x)$: 입력된 수 x를 3으로 나누어 나머지를 계산한다.

Tip ① $F(x)$, $G(x)$를 x에 대한 식으로 각각 나타낸다.
② $H(x)$의 결과값으로 나올 수 있는 x의 값을 찾아본다.

풀이 자연수 k를 3으로 나눈 나머지는 0, 1, ☐ 중의 하나이므로 $n=$ ☐ 이다.
$F(n)=4n+5$에서 $F($ ☐ $)=4×$ ☐ $+5=$ ☐ 이고,
$G(n)=3n-2$에서 $G($ ☐ $)=3×$ ☐ $-2=$ ☐ 이다.
∴ $F(3)-2G(3)=$ ☐

답 ＿＿＿＿＿＿

응용 1 두 함수 $y=(2a-b+1)x+1$, $y=(b-3a+3)x-1$ 이 모두 x에 대한 일차함수가 되지 않도록 하는 상수 a, b 의 값을 각각 구하시오.

응용 2 일차방정식 $0.5(2x-9)=3-4x$의 해를 $x=a$, 일차방정식 $\dfrac{x-11}{3}=7+3x$의 해를 $x=b$라 하자. 함수 $f(x)=ax+k$에 대하여 $f(-2)=b$를 만족시키는 상수 k의 값을 구하시오.

응용 3 일차함수 $y=ax+1$에서 x의 값의 범위가 $-1≤x≤1$일 때의 y의 값의 범위는 0 이상 b 이하라고 한다. 이때 b의 값을 구하시오. (단, a, b는 상수)

응용 4 점 $(3, 2)$를 지나는 일차함수 $y=-ax+b$의 그래프를 y축의 방향으로 5만큼 평행이동하면 점 $(-6, 10)$을 지난다. 일차함수 $y=ax+b$의 그래프 위의 점 중에서 y좌표가 x좌표의 $\dfrac{1}{2}$배가 되는 점의 x좌표를 구하시오. (단, a, b는 상수이다.)

Ⅳ
일차함수

일차함수 $y=ax+b(b\neq0)$의 그래프는 일차함수 $y=ax$의 그래프를 y축의 방향으로 b만큼 평행이동한 직선이다.

(1) 일차함수의 그래프의 기울기

일차함수 $y=ax+b$에서 x의 값의 증가량에 대한 y의 값의 증가량의 비율 a를 기울기라 한다.

① $a>0$이면 오른쪽 위로 향하는 직선

② $a<0$이면 오른쪽 아래로 향하는 직선

(2) x절편 : 일차함수의 그래프가 x축과 만나는 점의 x좌표 즉, 함수 $y=ax+b$에서 x절편은 $-\dfrac{b}{a}$

(3) y절편 : 일차함수의 그래프가 y축과 만나는 점의 y좌표 즉, 함수 $y=ax+b$에서 y절편은 b

> **참고** 기울기가 같은 두 일차함수 $y=ax+b, y=a'x+b'$의 그래프는 서로 평행하거나 일치한다.
> ① $a=a', b\neq b'$이면 두 그래프는 평행하다.   ② $a=a', b=b'$이면 두 그래프는 일치한다.
> ③ $aa'=-1$이면 두 그래프는 직교한다.

 일차함수 $y=5x-a$의 그래프를 y축의 음의 방향으로 4만큼 평행이동한 그래프의 x절편이 b, y절편이 -1일 때, 상수 a, b에 대하여 $a-5b$의 값을 구하시오.

 두 일차함수 $y=\dfrac{1}{3}x+5$, $y=-\dfrac{b}{a}x+b$의 그래프와 x축, y축으로 둘러싸인 도형의 넓이가 30일 때, ab의 값을 구하시오. (단, a, b는 상수, $-15<a<0, 0<b<5$)

 일차함수 $y=ax+b$의 그래프가 오른쪽 그림과 같을 때, 다음 중 옳은 것을 모두 고르면?

① $a(a+b)<0$

② $a(b-a)<0$

③ $2ab>0$

④ $a(2a+b)>0$

⑤ $b(b-2a)<0$

 두 일차함수 $y=2ax-1$과 $y=4x+1$의 그래프가 만나지 않도록 하는 a의 값과 두 그래프가 한 점에서 수직으로 만나도록 하는 a의 값을 차례로 구하시오.

예제 2 점 (x, y)를 점 $(x-y, x+y)$로 이동시키는 규칙에 따라 세 점 O$(0, 0)$, A$(5, 3)$, B$(k, -1)$를 각각 점 O′, A′, B′로 이동시켰다. 이때 이동시킨 세 점이 한 직선 위에 있을 때, k의 값을 구하시오.

Tip 세 점 A(x_1, y_1), B(x_2, y_2), C$(x_3 \, y_3)$가 한 직선 위에 있을 조건은 (직선 AB의 기울기)=(직선 BC의 기울기)이다.

즉, $\dfrac{y_2-y_1}{x_2-x_1}=\dfrac{y_3-y_2}{x_3-x_2}$ 임을 이용한다.

세 점이 같은 직선 위에 있으므로 두 점 A와 B를 지나는 직선의 방정식을 구한 후, 점 C를 대입하여 구해도 된다.

풀이 세 점 O, A, B를 규칙에 의해 이동시킨 세 점 O′, A′, B′의 좌표는

O′$(0, 0)$, A′$(\boxed{}, 8)$, B′$(k+1, \boxed{})$이다.

세 점이 한 직선 위에 있으므로 (선분 O′A′의 기울기)=(선분 A′B′의 기울기)

$\dfrac{8}{2}=\dfrac{\boxed{}-8}{k+1-\boxed{}}$, $4=\dfrac{k-\boxed{}}{k-1}$, $3k=\boxed{}$ $\quad \therefore k=\boxed{}$ **답** _____

응용 1 일차함수 $y=ax+2$의 그래프가 두 점 A$(3, 6)$, B$(5, -1)$을 잇는 선분 AB와 만나지 않도록 하는 상수 a의 값의 범위가 $a<p$ 또는 $a>q$이다. 이때 $5pq$의 값을 구하시오. (단, p, q는 상수)

응용 3 일차함수 $y=ax+b$가 $x=0$일 때 $0 \le y \le 2$, $x=1$일 때 $3 \le y \le 4$를 만족시킨다. $x=2$일 때, y의 값의 범위를 구하시오. (단, a, b는 상수)

응용 2 네 점 A$(2, 2)$, B$(4, 2)$, C$(5, 4)$, D$(7, 4)$이 있다. 일차함수 $y=ax-2$의 그래프가 두 선분 AB, CD와 동시에 만날 때, 상수 a의 값의 범위를 구하시오.

응용 4 $a<0, b>0$, $|a|>|b|$인 두 상수 a, b에 대하여 두 일차함수 $y=ax+b$, $y=bx-a$의 그래프의 교점은 제 몇 사분면 위에 있는지 구하시오.

Ⅳ 일차함수

03 일차함수의 그래프의 식 구하기

(1) **기울기와 y절편이 주어질 때**

　　기울기가 a이고 y절편이 b인 직선을 그래프로 하는 일차함수의 식은 $y=ax+b$

(2) **기울기와 한 점이 주어질 때**

　　기울기가 a이고 한 점 $(x_1,\ y_1)$을 지나는 직선을 그래프로 하는 일차함수의 식은

　　① 구하는 함수의 식을 $y=ax+b$로 놓는다.

　　② $y=ax+b$에 $x=x_1,\ y=y_1$을 대입하여 b의 값을 구한다.

(3) **서로 다른 두 점이 주어질 때**

　　서로 다른 두 점 $(x_1,\ y_1),\ (x_2,\ y_2)$를 지나는 직선을 그래프로 하는 일차함수의 식은 (단, $x_1 \neq x_2$)

　　① 기울기 a를 구한다. ➡ $a=\dfrac{y_2-y_1}{x_2-x_1}=\dfrac{y_1-y_2}{x_1-x_2}$

　　② $y=ax+b$에 한 점을 대입하여 b의 값을 구한다.

(4) **x절편과 y절편이 주어질 때**　┌── 두 점 $(m,0),\ (0,n)$을 지나는 직선

　　x절편이 m, y절편이 n인 직선을 그래프로 하는 일차함수의 식은

　　(기울기)$=\dfrac{n-0}{0-m}=-\dfrac{n}{m}$, ($y$절편)$=n$이므로 구하는 식은 $y=-\dfrac{n}{m}x+n$

핵심 ① 일차함수 $f(x)=ax+b$에서
$f(x+3)-f(x)=-12$, $f(0)=5$일 때, $f(-1)$의 값을 구하시오.

핵심 ③ 점 $\left(\dfrac{4}{3},\ 2\right)$를 지나는 일차함수 $y=-\dfrac{a}{b}x+\dfrac{2}{b}$의 그래프가 일차함수 $y=\dfrac{5}{4}x-2$의 그래프와 y축 위에서 만난다. 이때 $a-b$의 값을 구하시오. (단, a, b는 상수, $b \neq 0$)

핵심 ② 다음 직선 중 나머지 그래프와 평행하지 <u>않은</u> 것은?

① 기울기가 2이고 점 $(-3,\ -2)$를 지나는 직선

② x절편이 $-\dfrac{3}{2}$, y절편이 -3인 직선

③ 두 점 $(0,\ 2),\ (3,\ 8)$을 지나는 직선

④ 점 $(3,\ 0)$을 지나고 y절편이 -6인 직선

⑤ $y=-2x+1$과 x축에 대하여 대칭인 직선

핵심 ④ 오른쪽 그림에서 □ABCD는 정사각형이고 점 D$(8,\ 6)$이다. □ABCD의 넓이와 △PBC의 넓이가 같을 때, 점 P의 좌표를 구하시오. (단, 직선 AC의 그래프의 식은 $y=ax+b$이다.)

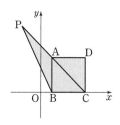

예제 ③ 일차함수 $y=ax-3$의 그래프가 상수 a의 값에 관계없이 항상 지나는 점을 A라 하고, 두 일차함수 $y=5x+2$, $y=(b+1)x+b-c$의 그래프가 x축, y축에서 동시에 만나도록 하는 상수 b, c의 값에 대하여 $(b, 2c-b)$를 좌표로 갖는 점을 B라 하자. 이때 두 점 A, B를 지나는 직선을 그래프로 갖는 일차함수의 식을 구하시오.

Tip ① 기울기 a의 값에 관계없이 항상 지나는 점 구하기 ➡ $x=0$일 때의 y의 값은 변하지 않는다.

② 교점이 2개이다. 두 점을 모두 지나는 직선은 1개뿐이다. ➡ 두 일차함수의 그래프는 일치한다.

풀이 일차함수 $y=ax-3$의 그래프는 기울기 a의 값에 관계없이 점 $(0, \boxed{})$을 항상 지난다.

$\therefore$ A$(0, \boxed{})$

두 일차함수 $y=5x+2$, $y=(b+1)x+b-c$의 그래프는 일치하므로

$b+1=\boxed{}$, $b-c=\boxed{}$ $\quad\therefore b=\boxed{}$, $c=\boxed{}$

$\therefore$ B$(\boxed{}, 0)$

두 점 A$(0, \boxed{})$, B$(\boxed{}, 0)$을 지나는 직선을 그래프로 갖는 일차함수의 식을 구하면

$y=\boxed{}x-3$ **답** _____

응용 ① 두 일차함수 $y=-2x+6$, $y=\dfrac{1}{2}x-2$의 그래프 위의 각 점 A, B를 지나는 일차함수 $y=ax+b$의 그래프가 있다. 이때 점 A의 y좌표가 4이고, 점 B의 x좌표가 -4일 때, $10(a-b)$의 값을 구하시오.

응용 ② 일차함수 $y=3x$의 그래프 위의 점 A에서 x축에 내린 수선의 발을 B, 일차함수 $y=\dfrac{1}{3}x$의 그래프 위의 점 C에서 y축에 내린 수선의 발을 D라 할 때, $\overline{AB}=\overline{CD}$가 성립한다. 이때 직선 AC에 평행하고 x절편이 -3인 직선을 그래프로 하는 일차함수의 식을 구하시오. (단, 두 점 A, B는 제1사분면 위에 있다.)

응용 ③ 일차함수 $y=f(x)$의 그래프는 $(2, 1)$, $(-3, c)$를 지나고, $f(p)-f(q)=3p-3q$를 만족한다. 이때 c의 값을 구하시오.

응용 ④ 좌표평면 위에 꼭짓점의 좌표가 $(0, 0)$, $(5, 0)$, $(5, 2)$, $(3, 2)$, $(3, 6)$, $(0, 6)$인 L자 모양의 도형이 있다. 원점을 지나는 직선 l에 의하여 이 도형의 넓이가 이등분된다고 할 때 직선 l과 평행하고 점 $\left(\dfrac{9}{2}, 10\right)$을 지나는 직선 m을 그래프로 하는 일차함수의 식을 구하시오.

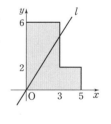

(1) 일차함수의 활용 문제의 풀이 순서

① 변수 x, y 정하기 : 문제의 뜻을 파악한 후 변화하는 두 양을 x, y로 놓는다.

② x와 y 사이의 관계식 세우기 : 변수 x, y 사이의 관계를 식으로 나타내고, x의 값의 범위를 정한다.

③ 해 구하기 : 주어진 조건에 맞는 해를 구한다.

④ 확인하기 : 구한 해가 문제의 뜻에 맞는지 확인한다.

(2) 여러 가지 함수의 활용 문제

온도, 길이, 액체의 양, 거리, 속력, 시간을 구하는 문제 등 변화하는 두 양 x, y를 확인하여 y를 x에 대한 일차함수의 식으로 나타낸 후 필요한 함숫값을 구한다.

핵심 1 다음 표는 추의 무게 x g과 용수철의 늘어난 길이 y cm 사이의 관계를 조사한 것이다. x와 y 사이의 관계식을 구하고, 추의 무게가 10 g일 때의 용수철의 늘어난 길이를 구하시오.

x(g)	0	2	4	6	⋯
y(cm)	7	13	19	25	⋯

핵심 2 기온이 0 °C일 때 공기 중에서 소리의 속력은 초속 331 m이고, 기온이 1 °C씩 올라갈 때마다 속력은 초속 0.6 m씩 증가한다고 한다. 기온이 10 °C인 산 정상에 올라가 앞의 절벽을 향해 소리를 지르고 3초 후에 메아리 소리를 들었다. 이때 산 정상과 절벽 사이의 거리를 구하시오. (단, 소리의 이동 거리는 산 정상과 절벽 사이를 직선 경로로 이동한 거리를 말한다.)

핵심 3 전력 사용량에 따른 주택용 전기요금을 다음 표와 같이 계산할 때, 물음에 답하시오.

사용량(kWh)	기본요금(원)	전력량 요금 (원/kWh)
0^{초과} ~ 300^{이하}	910	93.2
300 ~ 450	1600	187.8
450 ~1000	7300	280.5

(전기요금)=(기본요금)+(전력량 요금)×(전력량)

(1) 민지네 집에서 한 달에 x kWh를 사용했을 때 내야할 요금이 y원이라 하자. x의 값이 450 초과 1000 이하일 때의 x, y 사이의 관계식을 구하시오.

(2) 민지네 집에서 한 달에 400 kWh를 사용하였다면 전기요금은 얼마인지 구하시오.

(3) 어떤 달의 전기 요금이 19550원이라면 그 달의 전력량을 구하시오.

핵심 4 다음 그림과 같이 길이가 다른 두 종류의 막대를 가지고 이웃하는 육각형끼리는 한 변이 완전히 겹쳐지도록 이어 붙이고 있다. 만들어진 새로운 도형의 둘레의 길이가 570 cm일 때, 만들어진 정육면체의 개수를 구하시오. (단, 막대의 두께는 생각하지 않는다.)

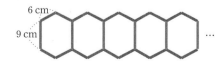

예제 4 7시 x분에 시계의 시침과 분침이 이루는 각 중 작은 각의 크기를 $y°$라 할 때 y를 x에 대한 식으로 나타내고, 7시와 8시 사이에 처음으로 시침과 분침이 이루는 각의 크기가 100°일 때의 시각을 구하시오. (단, $0<x<38$)

Tip 1분마다 시침은 $\dfrac{30°}{60}=0.5°$씩, 분침은 $\dfrac{360°}{60}=6°$씩 움직임을 이용하여 분침과 시침이 모두 12를 가리키는 것을 기준으로 구하려는 시각까지 회전한 각도를 각각 미지수 x를 사용하여 나타낸다.

풀이 1시간에 시침은 □°씩 움직이므로 정각 7시일 때의 시침과 분침이 이루는 각 중 큰 각의 크기는

□°$\times 7=$□°이다.

정각 7시부터 7시 x분까지 시침이 회전한 각도는 (□$\times x$)°이고

분침이 회전한 각도는 (□$\times x$)°이다.

$0<x<38$일 때, y를 x에 대한 식으로 나타내면 $y=210-$□$\times x$ ⋯ ㉠

㉠에 $y=100$을 대입하여 풀면 $x=$□

따라서 7시 □분에 시침과 분침은 처음으로 100°를 이룬다.

답 _____

응용 1 섭씨온도 $x°$C를 화씨온도로 나타내면 $y°$F라 할 때의 x, y 사이의 관계식은 $y=ax+b$이다. 또, 섭씨온도 25 °C를 화씨온도로 바꾸어 말하면 $c°$F일 때, a, b, c의 값을 각각 구하시오.

> 섭씨온도는 1기압(대기압)에서 물의 어는점을 0 °C, 끓는점을 100 °C로 정하여 그 사이를 100등분한 온도 체계이고 기호로는 °C이다. 화씨온도(華氏溫度)는 1기압에서 물의 어는점을 32 °F, 물의 끓는점을 212 °F로 하여 그 사이를 180등분한 온도 체계로 고안자인 독일 파렌하이트의 중국 음역어 화륜해(華倫海)에서 유래하였고 단위는 °F이다.

응용 2 어떤 물탱크의 배수관이 막혀서 양수기로 물을 퍼내려고 한다. 1분에 2 L의 물을 퍼내는데 물을 퍼내기 시작한 지 1시간 후에 양수기가 고장이 나서 20분 동안 수리를 하였다. 수리를 한 후에는 퍼내는 물의 양을 수리하기 전보다 20 % 증가시켜 퍼내었더니 처음 예정 시간보다 10분이 더 걸렸다. 이때 물탱크에 원래 있던 물의 양을 구하시오.

응용 3 둘레의 길이가 4 km인 호수의 한 지점에서 정민이는 시속 6 km의 속력으로 걸어가고 지성이는 10분 후 같은 지점에서 정민이의 속력의 4배로 자전거를 타고 정민이와는 반대 방향으로 가기로 하였다. 정민이가 오후 6시에 출발하였을 때, 정민이와 지성이가 처음 만나는 시각을 구하시오.

응용 4 오른쪽 그림과 같이 가로의 길이가 30 cm, 세로의 길이가 20 cm인 직사각형 ABCD가 있다. 점 P가 점 B를 출발하여 초속 5 cm로 두 점 C, D를 거쳐 점 A로 온다. 점 P가 점 B를 출발한 지 x초 후의 △ABP의 넓이를 y cm²라 할 때, x, y 사이의 관계식과 그때의 x값의 범위를 구하시오.

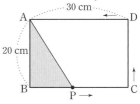

IV 일차함수

01 두 일차함수 $y=3ax+2a$, $y=2ax+3a$의 교점이 제1사분면 위에 있을 때, $y=ax-a$의 그 래프가 지나지 않는 사분면을 구하시오. (단 $a\neq0$)

02 일차함수 $f(x)=ax+b$에서 $f(x+2)-f(x)=10$, $f(-1)=-1$일 때, a, b의 값을 구하시오.

03 오른쪽 그림과 같이 점 A는 $y=2x$, 점 C는 $y=\dfrac{1}{2}x$의 그래프 위의 점이고, $\overline{\mathrm{AD}}$는 x축과, $\overline{\mathrm{AB}}$는 y축과 평행이 되게 하는 넓이가 16인 정사각형 ABCD가 있을 때, 점 A의 x좌표와 점 B의 y좌표의 합을 구하시오.

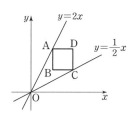

04 오른쪽 그림에서 일차함수 $y=ax$를 나타내는 직선과 일차함수 $y=x+b$를 나타내는 직선이 △ABC와 만날 때, $a+b$의 값의 범위를 구하시오.

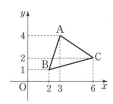

05 일차함수 $y=-\dfrac{1}{2}x+3$의 그래프에서 x값의 범위는 $-2\leq x<5$이고, 함숫값의 범위는 $5a+b<y\leq -2a+b$일 때, $b-a$의 값을 구하시오.

06 두 일차함수 $y=ax+b$, $y=bx+a$의 그래프의 교점이 제1사분면에 있을 때, 점 $(a,\ b)$는 몇 사분면 위의 점인지 구하시오. (단, $ab>0$, $a\neq b$)

07 $f(x)$가 x에 대한 일차함수일 때, $\dfrac{f(x)-f(7)}{x-7}=\dfrac{f(9)-f(7)}{9-7}$을 만족하는 실수 x를 구하시오.

NOTE

08 좌표평면 위의 네 점 $A(1, 2)$, $B(-1, 1)$, $C(-3, -1)$, $D(2, -1)$을 꼭짓점으로 하는 □ABCD가 있다. 이때 일차함수 $y=ax$의 그래프가 두 변 BC, AD와 모두 만나기 위한 a의 값의 범위를 구하시오.

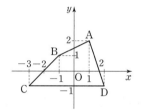

09 일차함수 $y=-\dfrac{1}{2}x+2$의 그래프와 x축, y축으로 둘러싸인 부분의 넓이를 일차함수 $y=ax$의 그래프가 이등분할 때, $y=-\dfrac{1}{2}x+2$의 그래프와 $y=a^2x+\dfrac{a}{2}$, x축으로 둘러싸인 도형의 넓이를 구하시오.

10 일차함수 $f(3x) = -5x + 4$에 대하여 $f(-y) = 7$을 만족시키는 y의 값이 $\dfrac{a}{b}$일 때, $a + b$의 값을 구하시오. (단, a, b는 서로소인 자연수)

11 일차함수 $y = \dfrac{3}{4}x + \dfrac{1}{2}$의 그래프 위의 점 중에서 x좌표, y좌표가 모두 자연수인 첫 번째 점의 좌표는 $(2, 2)$이다. x좌표, y좌표가 모두 자연수인 51번째 점을 일차함수 $y = \dfrac{1}{3}(x + k)$의 그래프가 지날 때, k의 값을 구하시오. (단, 원점에서 가까운 점부터 차례로 순서를 정한다.)

12 오른쪽 그림에서 점 P는 일차함수 $y = \dfrac{2}{3}x$의 그래프 위의 점이고, 직선 l은 점 P를 지나며 일차함수 $y = -\dfrac{1}{3}x$의 그래프와 평행한 직선이다. 점 P의 x좌표가 양수이고, 직선 l과 x축과의 교점을 Q라 하자. $\triangle$POQ의 넓이가 49일 때, 점 P의 좌표를 구하시오.

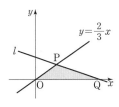

Ⅳ 일차함수

NOTE

13 일차함수 $y=-(a+1)x-3a+3$이 제1사분면을 지나지 않도록 상수 a의 값의 범위를 구하시오.

14 오른쪽 그림은 한 변의 길이가 $12\,\text{cm}$인 정사각형에서 한 변의 길이가 $6\,\text{cm}$인 정사각형을 잘라낸 것이다. 점 P가 도형의 변 위를 $A \to B \to C \to D \to E \to F$의 순서로 매초 $2\,\text{cm}$의 속도로 움직일 때, 점 P가 점 A를 출발하여 x초 후의 $\triangle APF$의 넓이를 $y\,\text{cm}^2$라 하자. 점 P가 선분 AB, CD, EF 위를 움직일 때, 각각의 경우에 대하여 y를 x에 대한 식으로 나타내시오.

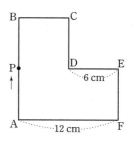

15 점 A의 좌표는 $(0, 1)$이고 일차함수 $y=-\dfrac{5}{4}x+\dfrac{27}{4}$의 그래프 위에 있는 점 B의 x좌표와 y좌표는 모두 양의 정수이다. 이때 두 점 A, B를 지나는 직선을 그래프로 하는 일차함수의 식을 구하시오.

16 오른쪽 그림과 같이 1보다 작은 양수 a에 대하여 두 점 C와 D는 일차함수 $y=ax$의 그래프 위에 있고 두 점 A와 B는 일차함수 $y=(a+3)x$의 그래프 위에 있다. 또, 선분 BD와 선분 AC는 각각 x축과 y축에 평행하고, 점 E(1, 1)에서 만나며 $\dfrac{\triangle \text{EDA}}{\triangle \text{EBC}}=13$이다. a의 값을 기약분수 $\dfrac{p}{q}$로 나타낼 때, $p+q$의 값을 구하시오.

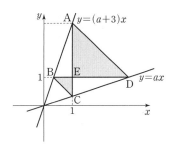

17 x에 대한 함수 $f(x)$가 임의의 x, y에 대하여 $f(x)f(y)=f(x+y)+f(x-y)$이고, $f(1)=3$을 만족할 때, $3f(0)+2f(1)+f(2)$의 값을 구하시오.

18 일차함수 $y=ax+b(b>0)$의 그래프 위의 임의의 점 P와 두 점 O(0, 0), A(6, 3)을 꼭짓점으로 하는 $\triangle$OAP의 넓이가 항상 60일 때, ab의 값을 구하시오.

01 세 일차함수 $y=x+3a$ … ㉠, $y=bx-1$ … ㉡, $y=cx+d$ … ㉢으로 둘러싸인 삼각형의 두 꼭짓점의 좌표가 $(0, 4)$, $(5, 2)$일 때, $15(a+b+c+d)$의 값을 구하시오. (단, a, b, c, d는 상수)

02 두 변수 x, y가 모두 자연수일 때, 함수 $y=f(x)$를 다음과 같이 정의한다.

$$f(x)=\begin{cases} 3 & (x \leq 3) \\ f(x-1)+f(x-2)+f(x-3) & (x \geq 4) \end{cases}$$

이때 $f(5)+f(7)$의 값을 구하시오.

03 함수 $f(x)$가 다음 성질을 만족할 때, $f(-3)$의 값을 구하시오.

㉠ 임의의 x에 대하여 $f(x)>0$ ㉡ $f(1)=3$ ㉢ $f(x+y)=f(x) \times f(y)$

NOTE

04 $f(x)$는 $3x-2$, $x+5$, $-2x+7$의 값들 중 최소인 것을 함숫값으로 한다. 이때 함수 $f(x)$의 최댓값을 구하시오.

05 좌표평면 위의 세 점 $(-3, 2)$, $(4, a)$, $(5, 18)$을 꼭짓점으로 하는 삼각형을 만들기 위한 a의 조건은 $a \neq k$이다. 이때 상수 k의 값을 구하시오.

06 오른쪽 그림에서 두 일차함수의 식은 $y = ax - (2b+6)$ ⋯ ㉠
$y = (a+2)x + b + 3$ ⋯ ㉡이다. 두 일차함수의 그래프와 y축으로 둘러싸인 삼각형의 넓이를 S_1, x축으로 둘러싸인 삼각형의 넓이를 S_2라 할 때, S_1과 S_2를 가장 간단한 자연수의 비로 나타내시오.

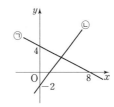

07 오른쪽 그림과 같이 세 직선 l, m, n은 기울기가 다른 일차함수의
그래프이다. 직선 l, m, n 중 두 직선의 교점을 각각 A, B, C라 할
때, △ABC의 넓이를 구하시오.

NOTE

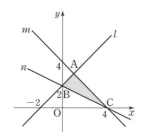

08 오른쪽 그림과 같이 좌표평면 위에 점 $A(-3, 6)$, $B(-5, 2)$
가 있다. x축과 y축 위에 각각 $P(0, a)$, $Q(b, 0)$을 잡아
$\overline{AP} + \overline{PQ} + \overline{QB}$의 길이가 최소가 되도록 할 때, $a + b$의 값을
구하시오.

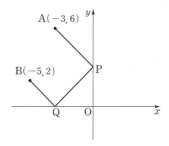

09 오른쪽 그림과 같이 일차함수 $y = ax + \dfrac{7}{4}$의 그래프가 $\overline{OC}$, $\overline{AB}$
와 만나는 점을 각각 D, E라 하자. 원점 O와 세 점 $A(a, 0)$,
$B(a, 8)$, $C(0, 8)$을 꼭짓점으로 하는 사각형 OABC의 넓이가
사각형 OAED의 넓이의 $\dfrac{8}{3}$일 때, 양수 a에 대하여 a^2의 값을
구하시오.

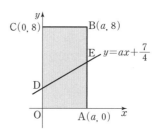

10 오른쪽 그림에서 두 점 A와 D는 각각 두 직선 m과 l 위의 점이고, 두 점 B와 C는 x축 위의 점이다. 또 사각형 ABCD는 정사각형이고 그 넓이는 삼각형 OAB의 넓이의 8배이다. 정사각형 ABCD의 한 변의 길이를 구하시오.

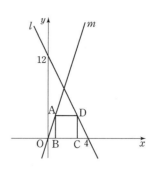

NOTE

11 일차함수 $f(x)=ax+b$가 $2 \leq f(1) \leq 4$, $3 \leq f(2) \leq 5$를 만족시킨다. 일차함수 $y=f(x)$의 기울기가 최소가 되도록 하는 상수 a, b에 대하여 $a+b$의 값을 구하시오.

12 x의 값이 자연수인 함수 $f(x)$가 다음 조건을 만족할 때, $f(25)+f(50)+f(75)$의 값을 구하시오.

> (i) $f(1)+f(2)=3$
> (ii) n이 짝수일 때 $f(n)-f(n+1)=-3$
> (iii) n이 홀수일 때 $f(n)-f(n+1)=1$

13 임의의 실수 a, b에 대하여 다음 두 조건을 만족하는 함수 f가 있다.

식 $f(x+2)+f(3x-10)<0$을 만족하는 x의 값의 범위가 $x>k$일 때 k의 값을 구하시오.

> (가) $a<b$이면 $f(a)>f(b)$ (나) $f(-a)=-f(a)$

14 오른쪽 그림과 같이 점 $(0, 40)$을 지나고 x의 값이 1 증가하면 y의 값은 2가 증가하는 직선 l과 원점을 지나고 x의 값이 1 감소하면 y의 값은 4가 감소하는 직선 m이 있다. 두 직선의 교점을 P라 하고 y축과 두 직선 l, m으로 둘러싸인 부분을 A, 직선 $x=k$와 두 직선 l, m으로 둘러싸인 부분을 B라 할 때, A=B가 되도록 하는 상수 k의 값을 구하시오.

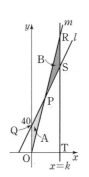

15 오른쪽 그림에서 직선 l은 두 점 $(0, 10)$, $(10, 0)$을 지나고, 직선 m은 두 점 $(0, 4)$, $(-6, 1)$을 지난다. 네 직선 l, m, $x=0$, $y=1$로 둘러싸인 부분을 y축을 회전축으로 하여 1회전시킨 회전체의 부피를 V라 할 때, $\dfrac{V-\pi}{5\pi}$의 값을 구하시오.

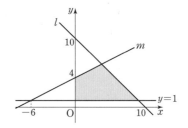

16 오른쪽 그림과 같이 두 일차함수 $y=-2x+4$, $y=-\dfrac{3}{4}x+6$의 그래프와 x축, y축으로 둘러싸인 □ABCD가 있다. 점 C를 지나면서 □ABCD의 넓이를 이등분하는 일차함수의 그래프의 식이 $y=ax+b$일 때, $a-b$의 값을 구하시오.

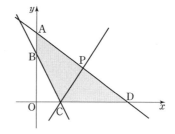

17 제1사분면 위의 두 점 A$(5, 3)$, B(a, b) 및 x축 위의 점 C에 대하여 직선 AC와 BC가 y축에 평행이 아닐 때, 직선 AC와 BC의 기울기를 m과 n이라 하자. 점 C의 위치에 관계없이 $\dfrac{1}{n}-\dfrac{1}{m}=\dfrac{1}{3}$일 때, $10a+b$의 값을 구하시오.

18 일차함수 $y=\dfrac{3}{4}x+3$의 그래프가 x축, y축과 만나는 점을 각각 A, B라 하자. 일차함수 $y=a(x-1)-3$의 그래프가 삼각형 OAB를 삼각형과 사각형으로 나누어지게 하는 정수 a의 값은 모두 몇 개인지 구하시오.

2 일차함수와 일차방정식의 그래프

(1) **직선의 방정식**

   x, y의 값의 범위가 수 전체일 때, 일차방정식 $ax+by+c=0\,(a\neq0\,$ 또는 $b\neq0)$의 해의 순서쌍 $(x,\,y)$는 무수히 많고 이 순서쌍을 좌표평면 위에 나타내면 직선이 된다. 이때 일차방정식 $ax+by+c=0$을 직선의 방정식이라 한다.

(2) **일차방정식과 일차함수의 그래프**

   a, b, c가 상수이고 $a\neq0$, $b\neq0$일 때, 일차방정식 $ax+by+c=0$의 그래프는

   일차함수 $y=-\dfrac{a}{b}x-\dfrac{c}{b}$의 그래프와 같다.

(3) **좌표축에 평행한 직선의 그래프**

   ① y축에 평행한(x축에 수직인) 직선의 방정식 ➡ $x=p\,(p$는 상수$)$

   ② x축에 평행한(y축에 수직인) 직선의 방정식 ➡ $y=q\,(q$는 상수$)$

핵심 1 일차방정식 $3x-6y-12=0$의 그래프에 대한 설명으로 옳은 것을 모두 고르면?

① 점 $(-2,\,3)$을 지난다.

② x의 값이 2만큼 증가하면 y의 값은 4만큼 감소한다.

③ 제2사분면을 지나지 않는다.

④ 일차함수 $y=-\dfrac{3}{4}x+3$의 그래프와 x축 위에서 만난다.

⑤ 일차방정식 $4y+2y-1=0$의 그래프와 평행하다.

핵심 2 일차방정식 $-2ax+by+6=0$의 그래프는 점 $(-2,\,1)$을 지나고 방정식 $x=2$의 그래프와 평행한 직선일 때, 상수 a, b에 대하여 $b-2a$의 값을 구하시오.

핵심 3 방정식 $(a+1)x-by-1=0$의 그래프가 점 $(4,\,3)$을 지나고 직선 $y=-1$과 평행할 때, 상수 a, b의 값을 각각 구하시오.

핵심 4 다음 **보기** 중 일차방정식 $ax+by+c=0$에 대한 설명으로 옳지 <u>않은</u> 것을 모두 고르시오. (단, a, b, c는 상수)

> **보기**
>
> ㄱ. $a=0$, $b\neq0$, $c\neq0$이면 그래프는 x축과 수직이다.
>
> ㄴ. $a\neq0$, $b\neq0$이면 그래프는 일차함수의 그래프이다.
>
> ㄷ. $a>0$, $b<0$이면 그래프는 x의 값이 증가할 때, y의 값은 감소한다.
>
> ㄹ. $a<0$, $b>0$, $c>0$이면 그래프는 제2사분면을 지나지 않는다.

예제 1 일차방정식 $ax+by+12=0$의 그래프를 그렸는데 민우는 y절편을 잘못 보고 직선 l 을 그렸고, 혜진이는 기울기를 잘못 보고 직선 m을 그렸다. 상수 a, b에 대하여 $b-a$ 의 값을 구하시오.

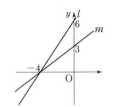

Tip ① 일차방정식 $ax+by+12=0$을 $y=(x$에 대한 일차식) 꼴로 고친다.
② 바르게 본 기울기, y절편을 이용하여 a, b의 값을 구한다.

풀이 일차방정식 $ax+by+12=0$에서 $y=-\dfrac{a}{b}x-\boxed{}$이다.

민우는 직선 $ax+by+12=0$의 기울기를 옳게 보았으므로 기울기는 $\boxed{}$

혜진이는 직선 $ax+by+12=0$의 y절편을 옳게 보았으므로 y절편은 $\boxed{}$

따라서 $-\dfrac{a}{b}=\boxed{}$, $-\dfrac{12}{b}=\boxed{}$이므로 $a=\boxed{}$, $b=\boxed{}$

$\therefore b-a=\boxed{}$

답 _____

응용 ① 직선 $4x-2y+7=0$과 x축에 대칭인 직선에 수직이고 점 $(2, 5)$를 지나는 직선의 방정식을 구하시오.

응용 ③ 오른쪽 그림과 같은 두 일차방정식 $x-y=0$, $2x+y-4=0$의 그래프와 x축으로 둘러싸인 삼각형 안에 들어갈 수 있는 가장 큰 정사각형의 넓이를 구하시오.

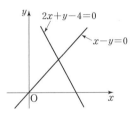

응용 ② 두 점 $\left(\dfrac{a-7}{3}, -1\right)$, $\left(\dfrac{-7b+3}{5}, a+b\right)$을 지나는 직선 l은 y축에 평행하고 두 점 $\left(2a, \dfrac{b-a}{6}\right)$, $\left(b+5, \dfrac{a+3b}{2}\right)$을 지나는 직선 m은 x축에 평행할 때, 두 직선 l, m의 교점의 좌표를 구하시오.

응용 ④ 일차방정식 $ax-by+c=0$의 그래 프가 오른쪽 그림과 같을 때, 방정식 $cx-ay-b=0$의 그래프가 지나지 않는 사분면을 구하시오.

(단, a, b, c는 상수)

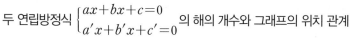

두 연립방정식 $\begin{cases} ax+bx+c=0 \\ a'x+b'x+c'=0 \end{cases}$ 의 해의 개수와 그래프의 위치 관계

① 연립방정식의 해가 $x=p$, $y=q$이다.

　➡ 두 직선은 한 점 $(p,\ q)$에서 만난다.

　➡ 기울기가 다르다. $\left(\dfrac{a}{a'} \neq \dfrac{b}{b'} \right)$

② 연립방정식의 해가 없다.

　➡ 두 직선이 평행하다. (교점이 없다.)

　➡ 기울기는 같고 y절편은 다르다. $\left(\dfrac{a}{a'} = \dfrac{b}{b'} \neq \dfrac{c}{c'} \right)$

③ 연립방정식의 해가 무수히 많다.

　➡ 두 직선이 일치한다. (교점이 무수히 많다.)

　➡ 기울기가 같고 y절편도 같다. $\left(\dfrac{a}{a'} = \dfrac{b}{b'} = \dfrac{c}{c'} \right)$

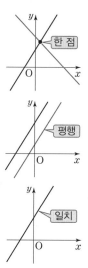

핵심 1 두 직선 $4x+ay=9$, $y=-\dfrac{2}{3}x+\dfrac{b}{2}$ 의 그래프가 일치할 때, 연립방정식 $\begin{cases} ax+3y=15 \\ 2x+by=-1 \end{cases}$ 의 해를 구하시오.

핵심 2 연립방정식 $\begin{cases} 3x-2y+4=0 \\ ax+3y+2b=0 \end{cases}$ 의 해가 없고 직선 $ax+4y+3b=0$이 점 $(4,\ -3)$을 지날 때, ab의 값을 구하시오. (단, a, b는 상수)

핵심 3 다음과 같이 서로 다른 네 개의 직선의 방정식이 있다. 이 네 직선이 오직 한 점에서 만나도록 상수 a, b의 값을 정하려고 한다. 다음 물음에 답하시오.

$3x-ay+8=0$	$2x-3y=-9$
$2x+ay+7=0$	$-x+2y=b$

⑴ 두 직선 $2x-3y=-9$, $-x+2y=b$의 교점의 좌표를 b를 사용한 식으로 나타내시오.

⑵ 두 직선 $3x-ay+8=0$, $2x+ay+7=0$의 교점의 좌표를 a를 사용한 식으로 나타내시오.

⑶ 상수 a, b에 대하여 $2b-2a$의 값을 구하시오.

예제 2 두 직선 $x-2y-8=0$, $3x+2y-8=0$의 교점과 점 $(3, 1)$을 지나는 직선의 방정식을 구하시오.

Tip [방법 1] ① 두 직선 $ax+by+c=0$, $a'x+b'y+c'=0$의 교점을 지나는 무수히 많은 직선의 방정식은

$(ax+by+c)k+(a'x+b'y+c')=0$ (k는 상수)이다.

② ①에서 세운 식에 교점 이외의 점의 좌표를 대입하여 k의 값을 구한 후, 직선의 방정식을 $Ax+By+C=0$의 꼴로 정리

하여 나타낸다.

[방법 2] 두 직선의 교점을 구한 후, 두 점을 지나는 직선의 방정식을 구한다.

풀이 [방법 1] 두 직선 $x-2y-8=0$, $3x+2y-8=0$의 교점을 지나는 직선의 방정식은

$(x-2y-8)k+(3x+2y-8)=0$이고, 이 식에 점 $(3, 1)$을 대입하면

$\boxed{}k+3=0$, $k=\boxed{}$이므로 구하는 직선의 방정식은

$\dfrac{3}{7}(x-2y-8)+(3x+2y-8)=0$, $\boxed{}x+8y-\boxed{}=0$

$\therefore \boxed{}x+y-\boxed{}=0$

[방법 2] 두 직선 $x-2y-8=0$, $3x+2y-8=0$의 교점은 $(4, \boxed{})$

두 점 $(4, \boxed{})$, $(3, 1)$을 지나는 직선의 방정식을 구하면 $\boxed{}x+y-\boxed{}=0$ **답** _____

응용 1 x, y에 대한 연립방정식

$\begin{cases} (a+b+5)x-5y=a-7 \\ (-3a+2)x+5y=2b+11 \end{cases}$ 의 해가 무수히 많을 때,

상수 a, b에 대하여 a^2+b^2의 값을 구하시오.

응용 2 다음 중 두 직선 $x+3y-6=0$, $3x-y+2k=0$의 교점이 제1사분면 위에 있기 위한 상수 k의 값의 범위는?

① $1<k<3$ ② $2<k<6$

③ $-5<k<3$ ④ $-7<k<2$

⑤ $-9<k<1$

응용 3 세 점 $A(-2, 2)$, $B(3, 1)$, $C(1, 3)$을 꼭짓점으로 하는 $\triangle ABC$가 있다. x축에 평행한 직선이 $\triangle ABC$와 두 점 P, Q에서 만난다고 할 때, $\overline{PQ}$의 최대 길이를 구하시오.

응용 4 세 일차함수 $y=3x-2$, $y=2x-3$, $y=ax$의 그래프가 삼각형을 만들지 않도록 하는 상수 a의 값을 모두 구하시오.

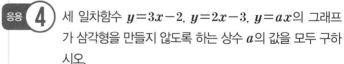

03 직선으로 둘러싸인 도형

(1) 직선으로 둘러싸인 도형의 넓이 구하기
 ① x절편, y절편을 각각 구한 후 그래프를 그린다.
 ② 직선의 교점을 구한다.
 ③ 도형의 넓이를 구한다.
(2) 직선의 방정식 위의 점 나타내기
 ① 직선 $y=ax+b$ 위 점은 $(k,\ ak+b)$로 놓을 수 있다.
 ② 축과 수직이거나 평행한 직선을 이용하여 x좌표 또는 y좌표 중 하나를 알 수 있다.
(3) 높이가 같은 삼각형의 넓이의 비
 높이가 같은 삼각형의 넓이의 비는 밑변의 길이의 비와 같다.

 1 두 일차방정식 $2x+y-4=0$, $ax-y-2a=0$의 그래프와 직선 $y=2$로 둘러싸인 부분의 넓이가 5일 때, a의 값을 모두 구하려고 한다. 다음 물음에 답하시오.
(단, $a\neq0$)

(1) a의 값에 관계없이 방정식 $y=ax-2a$의 그래프가 항상 지나는 점의 좌표를 구하시오.

(2) $a>0$일 때 둘러싸인 부분의 넓이가 5가 되도록 하는 a의 값을 구하시오.

(3) $a<0$일 때 둘러싸인 부분의 넓이가 5가 되도록 하는 a의 값을 구하시오.

2 오른쪽 그림에서 $\triangle ABD$의 넓이와 $\triangle ADC$의 넓이의 비가 $3:4$일 때, 직선 l을 나타내는 일차함수의 식을 구하시오.

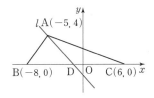

 3 네 직선 $x=-1$, $x=4$, $y=2a$, $y=-a$로 둘러싸인 도형의 넓이가 30이다. 이 도형의 넓이를 이등분하면서 y축에 수직인 직선의 방정식을 구하시오. (단, $a>0$)

예제 **3** 직선 $y=x+7$과 $y=-3x+9$의 x축과의 교점을 각각 A, B라 하고, 두 직선의 교점을 C라 할 때, 점 C를 지나고 △ABC의 넓이를 이등분하는 직선의 방정식을 구하시오.

Tip 점 C와 $\overline{\text{AB}}$의 중점을 지나는 직선은 △ABC의 넓이를 이등분한다.

풀이 점 A는 직선 $y=x+7$의 x절편이므로 ($\boxed{}$, 0)이고,

점 B는 직선 $y=-3x+9$의 x절편이므로 ($\boxed{}$, 0)이다.

또한, 두 직선의 교점인 C의 좌표를 구하면

$x+7=-3x+9$, $x=\boxed{}$, $y=\dfrac{1}{2}+7=\dfrac{15}{2}$이므로 $\left(\boxed{},\ \dfrac{15}{2}\right)$이다.

한편, △ABC의 넓이를 이등분할 때는 점 C와 선분 AB의 중점 ($\boxed{}$, 0)을 지날 때이므로

두 점을 지나는 직선의 방정식을 구하면 $y-0=\dfrac{\dfrac{15}{2}-0}{\dfrac{1}{2}-(\boxed{})}(x+\boxed{})$ $\therefore y=\boxed{}x+\boxed{}$

답 _____

응용 **1** 오른쪽 그림은 직선 $3x=4y$와 y축에 평행한 선분 **PQ**, **RS**를 그래프로 나타낸 것이다. 점 **T**가 원점에서 출발하여 x축의 양의 방향으로 매초 $\dfrac{5}{2}$ **cm**의 속도로 움직일 때 원점에서 출발한 지 2초 후와 6초 후에 위치한 점을 각각 **P**와 **R**라 하자. 이때 그려진 사각형 **PRSQ**의 넓이를 구하시오.

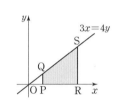

응용 **2** 오른쪽 그림과 같이 한 변의 길이가 5인 정사각형 **ABCD**에서 변 **BC**, **CD**의 중점을 각각 **E**, **F**라 하고 $\overline{\text{DE}}$와 $\overline{\text{AF}}$, $\overline{\text{AC}}$의 교점을 각각 **G**, **H**라고 할 때, 사각형 **CFGH**의 넓이를 구하시오.

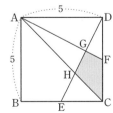

응용 **3** 세 직선 $y=ax+5$, $x=-1$, $x=3$과 x축으로 둘러싸인 사각형의 넓이가 30일 때, 상수 a의 값을 구하시오.

응용 **4** 세 직선 $4x-5y-8=0$, $4x+3y-8=0$, $4x-y+8=0$으로 둘러싸인 도형의 넓이를 구하시오.

01 오른쪽 그림과 같이 세 점 $A(0, 4)$, $B(-2, 0)$, $C(3, 0)$이 있다. 원점 O를 지나는 직선 l이 $\overline{AC}$와 만나는 점을 P라 하자. 직선 l이 $\triangle ABC$의 넓이를 이등분할 때, 점 P의 x좌표와 y좌표의 합을 구하시오.

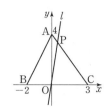

02 오른쪽 그림과 같은 두 개의 직사각형이 있다. 이 두 직사각형의 넓이를 동시에 이등분하는 직선의 방정식을 $4x - ay + b = 0$이라 할 때, $a + b$의 값을 구하시오.

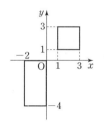

03 일차방정식 $ax - by + 3 = 0$의 그래프가 y축과 평행하고 제2, 3사분면만을 지나도록 하는 상수 a, b의 값의 조건을 구하시오.

04 오른쪽 그림은 일차함수 $y=-x+4$, $y=-x-2$의 그래프이다. 각 그래프 위의 두 점 A, B를 지나는 직선의 방정식을 $ax-y+b=0$이라 할 때, $a+b$의 값을 구하시오. (단, A의 y좌표는 6이고, B의 x좌표는 2이다.)

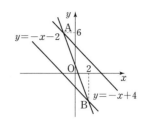

05 세 점 A(1, 2), B(4, 1), C(2, 4)를 꼭짓점으로 하는 △ABC가 있다. 일차방정식 $y-2=m(x-1)$의 그래프에 의하여 △ABC의 넓이가 이등분될 때, 상수 m의 값을 구하시오.

06 좌표평면 위에 세 직선 $y=x+1$, $y=3x-2$, $y=ax+5$가 있다. 이 세 직선이 한 점에서 만난다고 할 때, 상수 a의 값을 구하시오.

NOTE

07 직선 $x+3y-5=0$과 직선 $mx+y+1=0$과의 교점이 제1사분면에 있도록 상수 m의 값의 범위를 구하시오.

08 두 직선 $ax+y+b=0$과 $bx+y+a=0$의 교점의 y좌표가 4이고, 두 직선과 y축으로 둘러싸인 도형의 넓이가 3일 때, a, b의 값을 구하시오. (단, $a<0<b$)

09 오른쪽 그림은 $A(3, 0)$, $B(-5, 0)$, $C(0, 3)$을 꼭짓점으로 하는 삼각형이다. 직선 l의 식이 $2x-y+b=0$(b는 상수)라 할 때, 다음 물음에 답하시오.

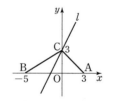

(1) 직선 l에서 $b=3$일 때, 이 직선을 y축으로 -2만큼 옮긴 직선이 $\overline{AC}$와 만나는 점의 좌표를 구하시오.

(2) 직선 l이 $\triangle ABC$의 둘레와 만날 때의 b의 값의 범위를 부등식으로 나타내시오.

10 두 직선 $2x+3y=1$, $ax+y=-1$의 교점의 x좌표가 정수가 되는 양의 정수 a의 값의 합을 구하시오.

NOTE

11 두 점 $A(2, 4)$, $B(-4, 8)$의 중점을 지나고, 직선 $3x+y=6$에 평행한 직선의 방정식을 $ax+by+5=0$이라 할 때, $a-b$의 값을 구하시오.

12 두 일차방정식 $4x-2y+4=0$, $ax-y+a=0$의 그래프와 직선 $y=1$로 둘러싸인 부분의 넓이가 $\frac{5}{2}$일 때, 상수 a의 값을 구하시오. (단, $a<0$)

Ⅳ

일차함수

NOTE

13 오른쪽 그림과 같이 두 점 A, B를 지나는 직선과 두 점 C, D를 지나는 직선이 점 E에서 만난다고 한다. 이때 $23a+7b$의 값을 구하시오.

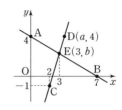

14 두 점 A(2, 5), B(-1, 1)을 연결한 직선 l이 x축과 만나는 점을 C 라 하자. 다음 물음에 답하시오.

(1) 점 C의 좌표를 구하시오.

(2) x축을 회전축으로 하여 $\triangle$OBC를 1회전시켰을 때 생기는 입체도형의 부피를 구하시오.

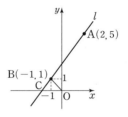

15 오른쪽 그림과 같이 $\overset{\frown}{AB}$와 직선으로 둘러싸인 부분의 넓이가 $\dfrac{1}{4}(\pi-2)$ 일 때, 두 점 A, B를 지나는 일차함수의 식을 구하시오.

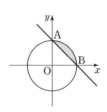

16 오른쪽 그림과 같은 정사각형 OABC에서 변 BC 위의 점 D와 점 A를 연결한 직선이 x축과 만나는 교점을 E라 하자. 색칠한 부분의 넓이가 사다리꼴 OADC의 넓이와 같을 때, 직선 AD의 기울기를 구하시오.

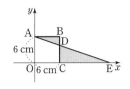

NOTE

17 오른쪽 그림의 △ABC에서 직선 AB의 y절편 점 D를 지나며 △ABC의 넓이를 이등분하는 두 점 D, E를 지나는 직선의 방정식이 $ax+by-13=0$일 때, $8a+b$의 값을 구하시오.

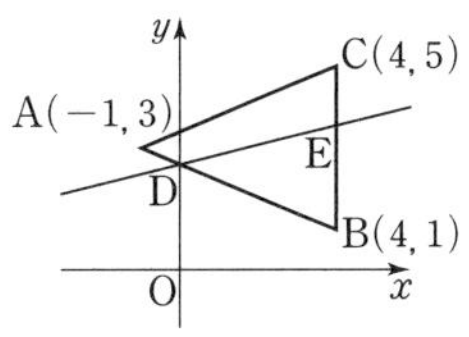

18 연립방정식 $\begin{cases} 2x-my=12 \\ x+4y=3n \end{cases}$의 해를 구하기 위하여 두 일차방정식의 그래프를 그렸더니 두 그래프의 교점이 없었다. 이때 방정식 $x+4y=3n$의 그래프 위의 모든 점들이 직선 $2x-my=12$의 그래프보다 위에 있기 위한 자연수 n의 최솟값을 구하시오.

Ⅳ
일차함수

01 직선 $y=-x+7$ 위의 점 $P(-3k-2,\ 2k+4)$를 지나고 y축에 수직인 직선의 방정식이 직선 $x+2y+1=0$과 점 $Q(a,\ b)$에서 만난다고 한다. 이때 $a+b$의 값을 구하시오.

02 세 일차방정식 $3x-y-7=0$, $ax-y+b=0$, $-ax-y+b=0$의 그래프 중 각각 두 식의 그래프가 한 점에서 만나고, 세 교점 중 두 점은 $(3,\ 2)$, $(0,\ -1)$이다. 이때 $(a,\ b)$의 쌍을 모두 구하시오.

03 오른쪽 그림에서 직선 l과 m은 수직이고, 직선 m과 n은 평행하며 점 $P(3,\ 1)$, 점 $Q(0,\ -2)$가 있다. 삼각형 OAB와 사다리꼴 $ACDB$의 넓이의 비가 $1:8$일 때, 직선 n의 일차함수의 식을 구하시오.

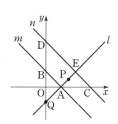

04 직선 $8x-6y-2=0$ 위의 점 중에서 x좌표, y좌표가 모두 정수이고 y축의 오른쪽에 위치한 첫 번째, 두 번째, 세 번째 점의 y좌표를 각각 a, b, c라 할 때, $a+b-c$의 값을 구하시오.

05 다음 네 직선으로 둘러싸인 도형과 일차방정식 $kx-y-3=0$의 그래프가 만나도록 하는 상수 k의 값의 범위를 구하시오.

$$x-4=0, \quad 2y-6=0, \quad \frac{3}{2}y=3, \quad -4x=-28$$

06 점 $A(2, 5)$, $B(-2, 3)$, $C(-3, 0)$, $D(4, 0)$, $E(4, 3)$으로 만들어지는 오각형 $ABCDE$의 넓이를 점 A를 지나는 직선 l이 이등분한다고 한다. 이 직선 l과 만나지 않는 직선 m이 두 점 $(19, 10)$, $(a, -15)$를 지날 때, a의 값을 구하시오.

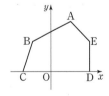

07 점 $A(4, 2)$를 지나고 기울기가 3인 직선 l과 $B(7, -10)$을 지나고 기울기가 -5인 직선 m이 있다. 이때 두 점 A, B를 지나는 직선과 l, m으로 둘러싸인 삼각형의 넓이를 구하시오.

08 세 직선 $2x+4y=3$, $y=ax+5$, $x=0$으로 둘러싸인 도형의 내부의 점 중에서 x좌표, y좌표가 모두 정수인 것이 2개일 때, 상수 a의 값의 범위를 구하시오. (단, $a<0$)

09 두 점 $A(-2, 4)$, $B(2, 3)$을 지나는 직선에 평행한 직선을 l이라 하면 직선 l과 x축, y축으로 둘러싸인 삼각형의 넓이는 8이다. 직선 l의 일차함수의 식을 $y=ax+b$의 꼴로 나타낼 때, 상수 b의 값을 구하시오. (단, $b>0$)

10 오른쪽 그림과 같이 두 점 A$(15, 0)$, B$(7, 8)$과 원점을 꼭짓점으로 하는 △OAB가 있다. 변 AB의 중점 M을 지나는 직선과 변 OA와의 교점을 C라 하자. △CAM : △OAB$=2 : 5$일 때, 직선 CM의 방정식은 $x+my+n=0$이다. 이때 m^2+n^2의 값을 구하시오.

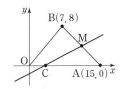

11 직선 $ax+y+b=0\,(a>0)$의 x의 값의 범위가 $-3 \leq x \leq 4$, y의 값의 범위가 $-6 \leq y \leq 3$일 때, 두 직선 $ax+y+b=0$, $mx+y=0$의 교점의 좌표가 $(-2, c)$가 된다고 하자. $m-c$의 값을 구하시오.

12 오른쪽 그림과 같이 움직이지 않는 점 C와 직선 $y=1$ 위를 움직이는 점 A를 지나는 직선이 $y=5$의 그래프와 만나는 점을 B라 하면 A의 x 좌표가 3일 때 B의 x좌표 5이고, 점 A의 x좌표가 6일 때 B의 x 좌표는 3이었다. 이때 점 C의 좌표를 구하시오.

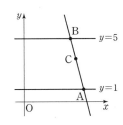

13 좌표평면 위의 세 점 $A(-2, 3)$, $B(5, -5)$, $C(5, 5)$를 꼭짓점으로 하는 $\triangle ABC$에서 직선 AB의 x절편을 지나고, $\triangle ABC$의 넓이를 이등분하는 직선의 방정식은 $ax+by=15$이다. 이때 $a-b$의 값을 구하시오.

14 오른쪽 그림과 같이 두 직선 $y=ax+b$와 $y=bx+a$가 y축과 만나는 점을 각각 A, B라 하고, 이 두 직선이 만나는 점을 C라 하자. 점 C의 y좌표가 13이고, 삼각형 ABC의 넓이가 $\dfrac{3}{2}$일 때, ab의 값을 구하시오. (단, $0 < b < a$)

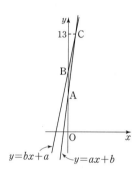

15 직선 $l : (x-3y+2)+k(x+y-4)=0$과 두 점 $P(1, -3)$, $Q(-3, -5)$가 있다. 직선 PQ 위의 점 중 직선 l과의 교점이 될 수 없는 점의 좌표를 구하시오.

16 좌표평면 위의 네 점 $A(8, 20)$, $B(-4, 6)$, $C(-1, -7)$, $D(8, 9)$에 대하여
$\overline{PA}+\overline{PB}+\overline{PC}+\overline{PD}$의 길이가 최소가 되는 점 P의 좌표를 (a, b)라 할 때, ab의 값을 구하시오.

17 직선 $2x-y+2=0$ 위의 점 A와 직선 $-x+y-3=0$ 위의 점 B에 대하여 점 $M(6, 11)$이 선분 AB의 중점일 때, 두 점 A와 B를 지나는 직선의 방정식을 $ax+by-17=0$이라 하자. 이때 $10a+5b$의 값을 구하시오.

18 두 수 a, b 중 크지 않은 수를 기호 $[a, b]$로 나타내기로 하자. 예를 들어 $a \geq b$이면 $[a, b]=b$, $a < b$이면 $[a, b]=a$이다. 오른쪽 그림과 같이 세 점 $A(-1, 5)$, $B(2, -1)$, $C(5, 3)$을 꼭짓점으로 하는 $\triangle ABC$의 내부 또는 둘레에 점 $P(x, y)$가 있다. 이때 점 P의 x좌표, y좌표에 대하여 $[x, y]$의 최댓값과 최솟값을 각각 구하시오.

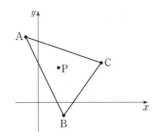

01 네 직선 $y=\dfrac{1}{3}x$, $y=\dfrac{1}{3}x+3$, $x=0$, $x=a$ (a는 자연수)로 둘러싸인 도형 내부의 점의 좌표를 (m, n)이라 하자. m, n이 모두 정수인 경우의 점의 개수가 83개일 때, 자연수 a의 값을 구하시오. (단, 직선 위의 점은 포함하지 않는다.)

02 자연수 x에 대하여 함수 $f(x)$가 다음과 같이 정의되어 있다.
$$f(n)=\begin{cases} n+5 & (n\le 300) \\ f(f(n-7)) & (n>300) \end{cases}$$
이때 $f(1004)$의 값을 구하시오.

03 직선 $y=\dfrac{b}{a}x$가 다음과 같이 색칠된 도형을 이등분할 때 ab의 값을 구하시오. (단, a와 b는 서로소)

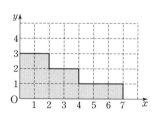

NOTE

04 좌표평면 위의 세 일차방정식 $\frac{1}{2}x+y-\frac{1}{2}=0$, $3x-y-4=0$, $mx+y+2=0$의 그래프에 의해 좌표평면이 6개의 영역으로 나누어질 때, 모든 상수 m의 값의 합을 구하시오. (단, x축, y축에 의해 좌표평면이 나누어지는 것은 생각하지 않는다.)

05 일차함수 $y=-\frac{5}{6}x+n$의 그래프 위에 놓인 점 (a, b)에 대하여 a, b가 모두 자연수인 점이 5개만 존재하도록 하는 자연수 n의 최댓값을 M, 최솟값을 m이라 할 때, $M+m$의 값을 구하시오.

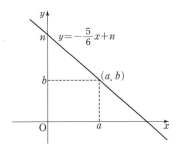

06 x의 값의 범위가 $-3\leq x\leq 9$일 때, x에 대한 함수 y의 그래프가 오른쪽 그림과 같다. x와 $x+3$에서의 함수 y의 값이 같아지는 x의 값들의 합을 구하시오.

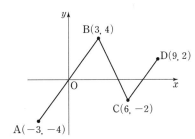

07 오른쪽은 사방이 유리벽으로 된 방의 밑면을 좌표평면 위에 나타낸 그림이다. 이때 점 P의 위치에서 $\overline{AB}$ 위에 빛을 발사하면 점 R를 지나 $\overline{BC}$에 반사된 다음 점 Q의 위치에 도달한 다고 하자. P(3, 3), Q(7, 2)이고, R의 좌표가 $\left(\dfrac{n}{m}, 0\right)$이라고 할 때, $m+n$의 값을 구하시오. (단, 빛이 들어오는 각도와 반사되는 각도는 같으며, m과 n은 서로소이다.)

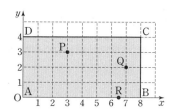

08 다음은 네 학교 A, B, C, D의 위치에 대한 설명이다.

> A학교는 B학교에서 서쪽으로 2 km, 남쪽으로 7 km 만큼 떨어진 곳에 있다.
> C학교는 B학교에서 동쪽으로 6 km, 남쪽으로 6 km 만큼 떨어진 곳에 있다.
> D학교는 C학교에서 서쪽으로 2 km, 북쪽으로 3 km 만큼 떨어진 곳에 있다.

네 학교 A, B, C, D 근처에 청소년들의 위한 문화공간센터를 만들려고 한다. 이 문화공간센터에서 각 학교까지의 거리의 합이 최소가 되도록 하려면 문화공간센터를 학교 A에서 동쪽으로 a km, 북쪽으로 b km만큼 떨어진 곳에 지어야 한다고 한다. 이때, $a-b$의 값을 구하시오.

09 오른쪽 그림에서 점 A의 좌표는 (6, 0), 점 B의 좌표는 (0, 18)이다. 점 P는 점 A를 출발하여 x축을 따라 양의 방향으로, 점 Q는 점 B를 출발하여 y축을 따라 음의 방향으로 움직인다. 점 P의 속도는 점 Q의 속도의 2배이고, 선분 AB와 선분 PQ의 교점은 R(a, b)이다. 점 P와 Q가 동시에 점 A, B를 각각 출발하여 △APR의 넓이가 △BQR의 넓이의 3배가 되었을 때, $a+b$의 값을 구하시오.

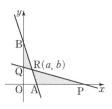

Memo

Memo

중학수학
절대강자

중학수학
절대강자

정답 및 해설

특목에 강하다! **경시**에 강하다!
최상위

2·1

(주)에듀왕
www.왕수학.com

중학수학

절대강자

중학수학
절대강자

특목에 강하다! 경시에 강하다!
최상위

정답 및 해설

2·1

Ⅰ. 수와 식

1 유리수와 순환소수

핵심 문제 01
6쪽

1 ④, ⑤ **2** ③, ⑤ **3** 8개 **4** 96

1 ③, ④ $\dfrac{7}{625}$, $\dfrac{7}{25}$, $\dfrac{3}{8}$ 은 유한소수, $\dfrac{5}{12}$, $\dfrac{7}{11}$, $\dfrac{6}{2\times3^2\times5}$, π는 무한소수로 나타낼 수 있다.

⑤ $\dfrac{7}{625}=\dfrac{2^4\times7}{2^4\times5^4}=\dfrac{112}{10^4}$

➡ $a+n$의 최솟값은 $112+4=116$

2 $7ax=308$, $x=\dfrac{44}{a}=\dfrac{2^2\times11}{a}$

① $\dfrac{2^2\times11}{2^4}=\dfrac{11}{2^2}$ (유한소수) ② $\dfrac{2^2\times11}{2^2\times5}=\dfrac{11}{5}$ (유한소수)

③ $\dfrac{2^2\times11}{3\times11}=\dfrac{2^2}{3}$ (무한소수) ④ $\dfrac{2^2\times11}{2^3\times11}=\dfrac{1}{2}$ (유한소수)

⑤ $\dfrac{2^2\times11}{2^3\times5\times7}=\dfrac{11}{2\times5\times7}$ (무한소수)

3 기약분수로 나타냈을 때, 분모의 소인수가 2 또는 5뿐인 분수를 찾으면

$\dfrac{9}{12}=\dfrac{3}{2^2}$, $\dfrac{9}{15}=\dfrac{3}{5}$, $\dfrac{9}{16}=\dfrac{9}{2^4}$, $\dfrac{9}{18}=\dfrac{1}{2}$, $\dfrac{9}{20}=\dfrac{9}{2^2\times5}$,

$\dfrac{9}{24}=\dfrac{3}{2^3}$, $\dfrac{9}{25}=\dfrac{9}{5^2}$, $\dfrac{9}{30}=\dfrac{3}{2\times5}$

이므로 8개이다.

4 $\dfrac{3\times5}{2^2\times5^4\times a}=\dfrac{3}{2^2\times5^3\times a}$이 유한소수가 되려면

a는 $2^m\times5^n$의 꼴이거나 $3\times2^m\times5^n$의 꼴이다.
(단, m, n은 자연수)

따라서 a의 값이 될 수 있는 가장 큰 두 자리의 자연수는 $2^5\times3=96$이다.

응용 문제 01
7쪽

예제 **1** 3, 3, 1, 1, 3, 2, 7, 9, 18 / 18개

1 18 **2** 63 **3** 72 **4** 16

1 $12▲36=\dfrac{12}{36}=\dfrac{1}{3}=0.333\cdots$ (무한소수) ➡ $12-36=-24$

$19▲76=\dfrac{19}{76}=\dfrac{1}{4}=0.25$ (유한소수) ➡ $2\times19=38$

$140▲60=\dfrac{140}{60}=2.333\cdots$ (무한소수) ➡ $140-60=80$

∴ (주어진 식)$=-24-38+80=18$

2 $\dfrac{15}{140}\times k=\dfrac{3}{2^2\times7}\times k$, $\dfrac{14}{90}\times k=\dfrac{7}{3^2\times5}\times k$가 유한소수가 되려면 k는 7의 배수이면서 9의 배수이어야 한다.

따라서 k는 63의 배수이므로 구하는 두 자리의 자연수는 63이다.

3 $\dfrac{33\times a}{450}=\dfrac{3\times11\times a}{2\times3^2\times5^2}=\dfrac{11\times a}{2\times3\times5^2}$를 분수로 나타냈을 때 유한소수가 되려면 a는 3의 배수이어야 하고,

이 분수 $\dfrac{33a}{450}$를 기약분수로 고칠 때 분자가 12의 배수가 되어야 하므로 구하는 가장 작은 자연수 a의 값은

$a=2\times3\times12=72$

4 $\dfrac{6}{5}<\dfrac{22}{a}$에서 $a<\dfrac{55}{3}$ ⋯ ㉠

$\dfrac{22}{a}<\dfrac{3}{2}$에서 $a>\dfrac{44}{3}$ ⋯ ㉡

㉠, ㉡에 의해 $\dfrac{44}{3}<a<\dfrac{55}{3}$

그런데 a는 자연수이므로 $a=15$, 16, 17, 18

이때 $\dfrac{22}{a}$는 유한소수이므로 $a=16$

핵심 문제 02
8쪽

1 ③, ④ **2** $0.2\dot{7}$ **3** ㄱ, ㄴ, ㄷ **4** ②

1 $\dfrac{3}{7}=0.\dot{4}2857\dot{1}$

① $f(3)+f(4)=8+5=13$

② $f(100)=f(10)=f(4)=5$

③ $x=$ (6의 배수)일 때만 $f(6x)=f(x+6)$이 성립한다.

④ $f(k)=3$을 만족시키는 자연수 k가 존재하지 않는다.

⑤ $f(1)+f(2)+\cdots+f(25)$

$=\{f(1)+f(2)+\cdots+f(6)\}\times4+f(1)$

$=(4+2+8+5+7+1)\times4+4$

$=27\times4+4=112$

2 $\frac{7}{13}=0.\dot{5}3846\dot{1}$이므로 순환마디는 6개의 숫자로 이루어져 있다.

이때 $40=6\times 6+4$이므로

(소수점 아래 40번째 자리의 숫자)

=(순환마디의 4번째 숫자)=4이고,

$60=6\times 10$이므로

(소수점 아래 60번째 자리의 숫자)

=(순환마디의 6번째 숫자)=1이다.

따라서 $0.\dot{a}\dot{b}-0.\dot{b}\dot{a}=0.\dot{4}\dot{1}-0.\dot{1}\dot{4}=\frac{41}{99}-\frac{14}{99}=\frac{27}{99}=0.\dot{2}\dot{7}$

3 ㄴ. $2.\dot{9}=3$과 같이 0이 아닌 모든 정수는 순환소수로 나타낼 수 있다.

ㄷ. 분모에 2나 5이외의 소인수가 있는 기약분수는 순환소수로 나타낼 수 있다.

ㄹ. 두 순환소수 $0.\dot{3}$과 $0.\dot{6}$에 대해

$0.\dot{3}+0.\dot{6}=\frac{3}{9}+\frac{6}{9}=1$(정수)

ㅁ. $0.6\times 0.\dot{6}=\frac{6}{10}\times\frac{6}{9}=0.4$(유한소수)

4 $\frac{5}{12}<\frac{a}{9}\le\frac{5}{8}$, $\frac{15}{4}<a\le\frac{45}{8}$

위 부등식을 만족시키는 자연수 a의 값은 4, 5

$\therefore 4+5=9$

응용 문제 **02**　　9쪽

예제 **②** 360, 360, $\frac{1}{9}$, 40, 220 / 220 cm

1 119　　**2** 9　　**3** 80°　　**4** $\frac{383}{909}$

1 $2.1\dot{9}\times\frac{b}{a}=(0.\dot{6})^2$에서

$\frac{198}{90}\times\frac{b}{a}=\left(\frac{2}{3}\right)^2$　　$\therefore \frac{b}{a}=\frac{20}{99}$

$\therefore a+b=99+20=119$

2 $\frac{47-4}{90}=x+\frac{1}{90}$

$\therefore x=\frac{43}{90}-\frac{1}{90}=\frac{42}{90}=0.4\dot{6}=0.a\dot{b}$

$\therefore a=4,\ b=6$

$2.6\dot{4}=\frac{264-26}{90}=\frac{238}{90}=\frac{119}{45}=\frac{119}{3^2\times 5}$

따라서 $2.\dot{b}\dot{a}\times A$가 유한소수가 되기 위한 자연수 A의 최솟값은 9이다.

3 $\angle DAB=50°+\angle c$, $\angle ADC=\angle b+\angle d$

$\angle a+\angle b+\angle c+\angle d+110°+50°=360°$

$\therefore \angle a+\angle b+\angle c+\angle d=200°$

$\angle b=t$라 하면 $\frac{14}{9}t+t+\frac{5}{9}t+\frac{12}{9}t=200°$

$\frac{40}{9}t=200°$　　$\therefore t=45°$

$\angle a+\angle b+\angle c-\angle d=70°+45°+25°-60°$
$\qquad\qquad\qquad\qquad\quad =80°$

4 $a_1=4$, $a_2=2$이므로

$a_3=(a_1+a_2$를 5로 나눈 나머지)

$\quad =(6$을 5로 나눈 나머지$)=1$

$a_4=(a_2+a_3$를 5로 나눈 나머지)

$\quad =(3$을 5로 나눈 나머지$)=3$

$a_5=\{(1+3)$을 5로 나눈 나머지$\}=4$

$a_6=\{(3+4)$를 5로 나눈 나머지$\}=2$

$a_7=\{(4+2)$를 5로 나눈 나머지$\}=1$

$\therefore 0.a_1a_2a_3\cdots a_na_{n+1}\cdots=0.42134213\cdots=0.\dot{4}21\dot{3}$

$\qquad\qquad\qquad\qquad =\frac{4213}{9999}=\frac{383}{909}$

심화 문제　　10~15쪽

01 3개	**02** $0.\dot{0}\dot{9}$	**03** 0	**04** 6
05 $0.791\dot{6}$	**06** 4, 5, 6, 7	**07** 61	**08** 2
09 3	**10** 15	**11** 19	**12** 457
13 3개	**14** 36	**15** 752	**16** 22
17 8개	**18** $(-11, -3)$		

01 $\frac{9\times A}{390}=\frac{9\times A}{2\times 3\times 5\times 13}=\frac{3\times A}{2\times 5\times 13}$,

$\frac{15\times A}{126}=\frac{15\times A}{2\times 3\times 3\times 7}=\frac{5\times A}{2\times 3\times 7}$

따라서 A는 3, 7, 13의 최소공배수인 273의 배수이므로 A의 값은 273, 546, 819의 3개이다.

02 $0.\dot{a}\dot{b}+0.\dot{b}\dot{a}=0.\dot{3}$이므로

$0.\dot{a}\dot{b}+0.\dot{b}\dot{a}=\frac{3}{9}$, $\frac{10a+b+10b+a}{99}=\frac{3}{9}$,

$\frac{a+b}{9}=\frac{3}{9}$　　$\therefore a+b=3$

그런데 $a>b>0$이고, a, b는 자연수이므로 $a=2$, $b=1$

$\therefore 0.\dot{a}\dot{b}-0.\dot{b}\dot{a}=0.\dot{2}\dot{1}-0.\dot{1}\dot{2}=\dfrac{21-12}{99}=\dfrac{1}{11}=0.\dot{0}\dot{9}$

03

$1.6\dot{6}\dot{0}=1.660660660660660\cdots$

$-)\ 1.6\dot{6}\dot{0}=1.660606060606060\cdots$

$0.000054600054600\cdots$

이므로 두 순환소수의 차는 소수점 아래 넷째 자리부터 054600이 순환마디인 순환소수가 된다.

따라서 $(2000-3)\div 6=332\cdots5$이므로 소수점 아래 2000번째 자리의 숫자는 순환마디의 5번째 자리의 숫자와 같으므로 0이다.

04 $0.\dot{a}=\dfrac{a}{9}$, $0.0\dot{b}=\dfrac{b}{90}$, $0.00\dot{c}=\dfrac{c}{900}$이므로

$\left(\dfrac{b}{90}\right)^2=\dfrac{a}{9}\times\dfrac{c}{900}$, $\dfrac{b^2}{8100}=\dfrac{ac}{8100}$ $\quad\therefore b^2=ac$

따라서 ac가 제곱수이고, $a<b<c$인 경우는 $a=4$, $b=6$, $c=9$이다.

05 예슬이가 본 분수는

$1.208\dot{3}=\dfrac{12083-1208}{9000}=\dfrac{10875}{9000}=\dfrac{29}{24}$

그런데 예슬이는 분자만 잘못 보았으므로 처음 분수의 분모는 24이다.

석기가 본 분수는 $1.2\dot{6}=\dfrac{126-12}{90}=\dfrac{114}{90}=\dfrac{19}{15}$

그런데 석기는 분모만 잘못 보았으므로 처음 분수의 분자는 19이다.

따라서 처음 기약분수를 순환소수로 바르게 나타내면

$\dfrac{19}{24}=0.79166\cdots=0.791\dot{6}$

06 $\dfrac{1}{9}<(0.\dot{a})^2<\dfrac{25}{36}$, $\left(\dfrac{1}{3}\right)^2<\left(\dfrac{a}{9}\right)^2<\left(\dfrac{5}{6}\right)^2$

$\dfrac{1}{3}<\dfrac{a}{9}<\dfrac{5}{6}$, $3<a<7\dfrac{1}{2}$

$\therefore a=4,\ 5,\ 6,\ 7$

07 $\dfrac{A}{840}=\dfrac{A}{2^3\times3\times5\times7}$에서 유한소수로 나타내려면

$x=3\times7=21$

소수점 아래 첫째 자리부터 순환마디가 시작되려면 분모의 소인수에 2, 5가 없어야 하므로 $y=2^3\times5=40$

$\therefore x+y=21+40=61$

08 $x=0.\dot{a}=\dfrac{a}{9}$, $0.\dot{8}\dot{1}=\dfrac{81}{99}=\dfrac{9}{11}$

$1-\dfrac{1}{1+\dfrac{1}{x}}=1-\dfrac{1}{\dfrac{x+1}{x}}=1-\dfrac{x}{x+1}=\dfrac{x+1-x}{x+1}=\dfrac{1}{x+1}$

$=\dfrac{1}{\dfrac{a}{9}+1}=\dfrac{1}{\dfrac{a+9}{9}}=\dfrac{9}{a+9}=\dfrac{9}{11}$

$\therefore a=2$

09 $\dfrac{y}{x}=\dfrac{1}{3}+\dfrac{1}{3^2}+\dfrac{1}{3^3}+\dfrac{1}{3^4}+\cdots$ $\quad\cdots\ \bigcirc$

$\bigcirc$의 양변에 $\dfrac{1}{3}$을 곱하면

$\dfrac{1}{3}\times\dfrac{y}{x}=\dfrac{1}{3^2}+\dfrac{1}{3^3}+\dfrac{1}{3^4}+\dfrac{1}{3^5}+\cdots$ $\quad\cdots\ \bigcirc$

$\bigcirc-\bigcirc$을 하면

$\dfrac{2}{3}\times\dfrac{y}{x}=\dfrac{1}{3}$에서 $\dfrac{y}{x}=\dfrac{1}{2}$

$\therefore x+y=2+1=3$

10 $\left(\dfrac{x}{90}\right)^2=\dfrac{4}{9}\times\dfrac{y}{900}$이므로 $x^2=4y$

x, y는 $x<y$인 한 자리의 자연수이므로 식을 만족하는 수는 $x=6$, $y=9$이다.

$\therefore x+y=6+9=15$

11 $4.5\leq\dfrac{b}{a}<5.5$

$4.5\leq\dfrac{2a+10}{a}<5.5$, $45a\leq20a+100<55a$

(i) $45a\leq20a+100$, $25a\leq100$ $\quad\therefore a\leq4$

(ii) $20a+100<55a$, $35a>100$ $\quad\therefore a>\dfrac{20}{7}$

(i)과 (ii)에서 $\dfrac{20}{7}<a\leq4$ $\quad\therefore a=3$ 또는 $a=4$

$\begin{cases}a=3\text{이면 }b=16\\a=4\text{이면 }b=18\end{cases}$

$\dfrac{b}{a}$는 기약분수이므로 $a=3$, $b=16$

$\therefore a+b=3+16=19$

12 $0.55\leq\dfrac{b}{a}<0.65$이므로

$1.55\leq\dfrac{b}{a}+1<1.65$, $1.55\leq\dfrac{a+b}{a}<1.65$

$1.55\leq\dfrac{70}{a}<1.65$, $\dfrac{155}{100}\leq\dfrac{70}{a}<\dfrac{165}{100}$

$\dfrac{100}{165}<\dfrac{a}{70}\leq\dfrac{100}{155}$,

$42.4\dot{2}<a\leq45.16\cdots$

따라서 a는 43, 44, 45 중에 하나이다.

a가 43이면 b는 27, a가 44이면 b는 26, a가 45이면 b는 25
인데 a와 b는 서로소이기 때문에 $a=43$, $b=27$이다.

$\therefore 10a+b=43\times10+27=457$

13 $\dfrac{51}{n}$을 유한소수로 나타낼 수 있으려면 n은 소인수가 2나 5뿐
인 수 또는 51의 약수, 또는 이 수들의 곱으로 이루어진 수이
어야 한다.

$\dfrac{2}{3}<\dfrac{51}{n}<\dfrac{4}{5}$에서 $\dfrac{204}{306}<\dfrac{204}{4n}<\dfrac{204}{255}$이므로

$255<4n<306$ $\quad\therefore 63.75<n<76.5$

따라서 n의 값이 될 수 있는 수는 $2^6(=64)$, $2^2\times17(=68)$,

$3\times5^2(=75)$로 3개이다.

14 $\dfrac{7}{6}=7\div6=1.1\dot{6}=1.\dot{b}\dot{a}$에서 $a=6$, $b=1$이므로

$1.\dot{a}\dot{b}=1.\dot{6}\dot{1}=\dfrac{161-16}{90}=\dfrac{145}{90}=\dfrac{29}{18}$이다.

$\therefore \dfrac{c}{18}=\dfrac{29}{18}$에서 $c=29$

$\therefore a+b+c=6+1+29=36$

15 $\dfrac{a}{810}=0.\dot{9}b\dot{5}=\dfrac{9b5}{999}$이므로

$999\times a=810\times9b5$이다.

$111\times a=90\times9b5$, $37\times a=30\times9b5$이고

37과 30이 서로소이므로 $9b5$는 37의 배수이다.

900과 1000 사이의 37의 배수는 925, 962, 999이므로

$b=2$이다.

또한, $37\times a=30\times925$에서 $a=750$이다.

$\therefore a+b=750+2=752$

16 $A<B$이므로 $C=0$

$A\div B$가 순환소수인 경우

B는 2나 5 이외의 소인수를 가져야 하므로 B가 될 수 있는
수는 3, 6, 7, 9 중의 하나이다.

그런데 B가 3 또는 9이면 소수 첫째 자리에서 순환마디가 시
작되고 B가 7이면 순환마디가 여섯 자리의 수이다.

$\therefore B=6$

$A<B$이므로 A가 될 수 있는 수는 1과 5뿐이다.

$1\div6=0.1\dot{6}$, $5\div6=0.8\dot{3}$

A, B, C, D, E는 모두 서로 다른 숫자이므로 $A=5$

$\therefore A=5$, $B=6$, $C=0$, $D=8$, $E=3$

$\therefore A+B+C+D+E=5+6+0+8+3=22$

17 $0.2\dot{a}\dot{b}+0.2\dot{b}\dot{a}=0.2+0.0\dot{a}\dot{b}+0.2+0.0\dot{b}\dot{a}$

$=0.4+\dfrac{10a+b}{990}+\dfrac{10b+a}{990}=0.4+\dfrac{11a+11b}{990}$

$=0.4+\dfrac{a+b}{90}$

두 순환소수를 더했을 때 유한소수가 되려면 $\dfrac{a+b}{90}$가 유한소
수가 되어야 하고 $a+b$는 9의 배수이어야 한다.

(i) $a+b=9$인 경우

순서쌍 (a, b)로 나타내면 $(1, 8)$, $(2, 7)$, $(3, 6)$,
$(4, 5)$, $(5, 4)$, $(6, 3)$, $(7, 2)$, $(8, 1)$의 8개

(ii) $a+b=18$인 경우

순서쌍 (a, b)로 나타내면 $(9, 9)$의 1개인데 $0.2\dot{a}\dot{b}$와
$0.2\dot{b}\dot{a}$가 서로 다른 순환소수라는 조건에 맞지 않는다.

따라서 (i), (ii)에 의해 구하는 순환소수의 개수는 8개이다.

18 $\dfrac{1323}{9999}$을 소수로 고치면 $0.\dot{1}32\dot{3}$이므로
이 말은 4회마다 일정한 이동을 반복하
고 각 횟수마다 90°씩 방향을 바꿔가며
이동을 하게 되므로 이 말은 4회마다
일정한 이동을 반복하게 된다. 이것을
좌표평면 위에 나타내면 오른쪽과 같다.

따라서 4회마다 원래의 위치에서 x축의 음의 방향으로 1만큼
씩 이동하게 된다.

$50=4\times12+2$이므로

50번 이동한 말은 x축으로 -1만큼씩 12회 이동한 후 규칙에 따라
2번 더 이동한 위치에 있다.

즉, $(-12, 0)$ ➡ $(-11, 0)$ ➡ $(-11, -3)$

$\therefore (-11, -3)$

최상위 문제   16~21쪽

01 24	**02** $\dfrac{900}{11}\pi$	**03** 3개	**04** 20
05 14 또는 19		**06** 9	**07** 110
08 44	**09** 11	**10** 34개	**11** 214
12 $B\left(\dfrac{500}{99}, \dfrac{50}{99}\right)$		**13** 64	**14** 13개
15 469	**16** 6가지	**17** 14	**18** 3개

01 $c\times999.\dot{9}-c=c\times\dfrac{9999-999}{9}-c$

$=c\times1000-c$

$=c\times999$

이므로 $\dfrac{b}{a \times 111} \times 999 = \dfrac{3^2 b}{a}\left(\because c = \dfrac{b}{a \times 111}\right)$

그런데 $\dfrac{b}{a \times 111}$가 기약분수이므로 a, b는 서로소이고,

$\dfrac{3^2 b}{a}$가 자연수가 되려면 a는 9의 약수이어야 한다.

따라서 최댓값을 가지려면 $a=3$, $b=8$일 때이므로

최댓값은 $\dfrac{3^2 \times 8}{3} = 24$

02 원 O_1의 넓이를 S_1, 원 O_2의 넓이를 S_2, 원 O_3의 넓이를 S_3,
$\cdots$라 하면

$S_1 = 81\pi$, $S_2 = \left(\dfrac{9}{10}\right)^2 \pi = 0.81\pi$, $S_3 = \left(\dfrac{9}{100}\right)^2 \pi = 0.0081\pi$, $\cdots$

따라서 $S_1 + S_2 + S_3 + \cdots = 81\pi + 0.81\pi + 0.0081\pi + \cdots$

$$= \pi \times 81.818181\cdots$$
$$= \pi \times 81.\dot{8}\dot{1}$$
$$= \pi \times \dfrac{8100}{99} = \dfrac{900}{11}\pi$$

03 구하고자 하는 기약분수를 $\dfrac{a}{b}$ (a, b는 서로소인 자연수)라

놓으면 $\dfrac{1}{4} < \dfrac{a}{b} < 1$

어떤 자연수를 x라 하면

$\dfrac{a+x}{bx} = \dfrac{a}{b}$이므로 $a = \dfrac{x}{x-1}$

a가 자연수이므로 $x=2$, $a=2$

$\dfrac{1}{4} < \dfrac{2}{b} < 1$에서 $2 < b < 8$ $\quad \therefore b=3, 4, 5, 6, 7$

그런데 $\dfrac{2}{b}$는 순환소수여야 하므로 $b=3, 6, 7$

따라서 주어진 조건을 만족하는 기약분수는 $\dfrac{2}{3}$, $\dfrac{2}{6}$, $\dfrac{2}{7}$의 3개

04 $0.8 \leq \dfrac{17}{x} < 0.9$이므로 $8x \leq 170 < 9x$

$\therefore 18.\dot{8} < x \leq 21.25$

따라서 자연수 x의 값은 19, 20, 21이고, 이 중에서 $\dfrac{17}{x}$이

유한소수가 되도록 하는 x의 값은 20이다.

05 $0.\dot{a} = \dfrac{a}{9}$, $0.0\dot{b} = \dfrac{b}{90}$, $0.00\dot{c} = \dfrac{c}{900}$이므로

$(0.0\dot{b})^2 = 0.\dot{a} \times 0.00\dot{c}$를 분수로 고치면

$\left(\dfrac{b}{90}\right)^2 = \dfrac{a}{9} \times \dfrac{c}{900}$ $\quad \therefore b^2 = ac$

이때 $2 \leq a \leq 4$, $3 \leq c \leq 9$이므로

$6 \leq ac \leq 36$

따라서, $b=3, 4, 5, 6$이고 $a < b < c$이므로

$a=2$, $b=4$, $c=8$ 또는 $a=4$, $b=6$, $c=9$

$\therefore a+b+c = 2+4+8 = 14$ 또는 $a+b+c = 4+6+9 = 19$

06 $0.\dot{a}\dot{c} + 0.\dot{d}\dot{f} = \dfrac{10a+c}{99} + \dfrac{10d+f}{99} = \dfrac{10(a+d)+c+f}{99} = 1$

$10(a+d) + c + f = 99$

이때 a, c, d, f는 한 자리의 자연수이므로

$a+d = 9$, $c+f = 9$

$3.\dot{a}b\dot{c} + 2.\dot{d}e\dot{f}$

$= \dfrac{3000 + 100a + 10b + c - 30 - a}{990}$

$\quad + \dfrac{2000 + 100d + 10e + f - 20 - d}{990}$

$= \dfrac{4950 + 99(a+d) + 10(b+e) + (c+f)}{990} = 6$

$4950 + 99(a+d) + 10(b+e) + (c+f) = 5940$

$99(a+d) + 10(b+e) + (c+f) = 990$ $\cdots$ ㉠

$a+d = 9$, $c+f = 9$를 ㉠에 대입하면

$99 \times 9 + 10(b+e) + 9 = 990$

$900 + 10(b+e) = 990$

$10(b+e) = 90$ $\quad \therefore b+e = 9$

$\therefore a - b + c + d - e + f = (a+d) - (b+e) + (c+f)$
$$= 9 - 9 + 9 = 9$$

07 $0.\dot{a}b\dot{c} = \dfrac{100a + 10b + c}{999}$

a, b, c는 0, 2, 4, 6, 8 중 서로 다른 수이므로

$0.\dot{a}b\dot{c}$의 개수는 $5 \times 4 \times 3 = 60$(개)이다.

따라서 조건을 만족시키는 $100a$의 총합은

$100 \times (0+2+4+6+8) \times 12 = 24000$,

$10b$의 총합은 $10 \times (0+2+4+6+8) \times 12 = 2400$,

c의 총합은 $1 \times (0+2+4+6+8) \times 12 = 240$이다.

그러므로 $0.\dot{a}b\dot{c}$ 전체의 합은

$\dfrac{24000 + 2400 + 240}{999} = \dfrac{26640}{999} = \dfrac{80}{3}$

$\therefore 10m + n = 30 + 80 = 110$

08 $0.07 \leq \dfrac{b}{a} < 0.08$ $\quad \cdots$ ㉠

$\dfrac{7}{100}a \leq b < \dfrac{8}{100}a$ $\quad \cdots$ ㉡

a는 자연수이므로 $41 \leq a \leq 49$ $\cdots$ ㉢

㉡, ㉢에서 $\dfrac{7}{100} \times 41 \leq b < \dfrac{8}{100} \times 49$, $\dfrac{287}{100} \leq b < \dfrac{392}{100}$

$\therefore b = 3$

㉠에서 $0.07 \leq \dfrac{3}{a} < 0.08$이므로

$\dfrac{3}{0.08} < a \leq \dfrac{3}{0.07}$이고 $37.5 < a \leq 42\dfrac{6}{7}$ … ㉣

㉢, ㉣에서 자연수 a는 41, 42이다.

그런데 $\dfrac{b}{a}$는 기약분수가 되어야 하므로 $a = 41$

따라서 $\dfrac{b}{a} = \dfrac{3}{41}$이므로 $a + b = 41 + 3 = 44$

09 $\dfrac{n}{m} = 1.\dot{a} = \dfrac{9+a}{9}$, $\dfrac{m}{n} = 0.\dot{b}\dot{c} = \dfrac{10b+c}{99}$

$\dfrac{n}{m} \times \dfrac{m}{n} = 1$이므로 $\dfrac{9+a}{9} \times \dfrac{10b+c}{99} = 1$

$(9+a) \times (10b+c) = 9 \times 99 = 27 \times 33 = 81 \times 11$

$9+a$에서 a는 한 자리 자연수이므로

$9+a$는 10 이상 18 이하의 자연수이다.

따라서 $9+a = 11$에서 $a = 2$

$10b+c = 81$에서 $b = 8$, $c = 1$

$\therefore a+b+c = 2+8+1 = 11$

10 (i) $y = 1, 2, 4, 5, 8, 10$일 때 $x = 3, 6, 9, 12, 15$이므로
　　순서쌍 (x, y)의 개수는 $6 \times 5 = 30$(개)

　(ii) $y = 3, 6, 12, 15$일 때 $x = 9$이므로
　　순서쌍 (x, y)의 개수는 $4 \times 1 = 4$(개)

　(iii) $y = 7, 9, 11, 13, 14$일 때 15 이하의 자연수 중 주어진 분
　　수를 유한소수로 나타낼 수 있도록 하는 x의 값은 없다.

　따라서 구하는 순서쌍 (x, y)의 개수는 $30 + 4 = 34$(개)

11 주어진 50개의 분수들은 모두 기약분수이다. 이때 기약분수
의 분모의 소인수가 2나 5뿐인 분수이면 유한소수가 되므로,
주어진 분수 중에서 유한소수로 나타내어지는 것은 분모가 다
음과 같은 것으로 12개이다.

$2, 2^2, 2^3, 2^4, 2^5, 2^6, 2 \times 5, 2 \times 5^2, 2^2 \times 5, 2^2 \times 5^2, 2^3 \times 5,$
$2^4 \times 5$

12 점 A가 원점에서 출발하여 오른쪽으로 $a_1 = 5$만큼,

다시 오른쪽으로 $a_3 = \dfrac{1}{10}a_2 = \dfrac{1}{100}a_1$,

다시 오른쪽으로 $a_5 = \dfrac{1}{10}a_4 = \dfrac{1}{100}a_3 = \dfrac{1}{1000}a_2 = \dfrac{1}{10000}a_1$

만큼 …과 같이 움직이므로

점 A의 x좌표는

$5 + 0.05 + 0.0005 + \cdots = 5.050505\cdots = 5.\dot{0}\dot{5} = \dfrac{500}{99}$

또, 점 A는 위로 $a_2 = \dfrac{1}{10}a_2$,

다시 위로 $a_4 = \dfrac{1}{10}a_3 = \dfrac{1}{100}a_2 = \dfrac{1}{1000}a_1$만큼 …과 같이

움직이므로 점 A의 y좌표는

$0.5 + 0.005 + 0.00005 + \cdots = 0.505050\cdots = 0.\dot{5}\dot{0} = \dfrac{50}{99}$

따라서 점 A는 점 $B\left(\dfrac{500}{99}, \dfrac{50}{99}\right)$에 가까워진다.

13 $\dfrac{q}{p} = 0.\dot{x}y\dot{z} = \dfrac{xyz}{999}$이므로

$999 \times q = 3^3 \times 37 \times q = p \times xyz$이고

p와 q는 서로소이므로 p는 $3^3 \times 37$의 약수이다.

200 이하의 자연수 중에서 $3^3 \times 37$의 약수는

1, 3, 9, 27, 37, 111

(i) $p = 1, 3, 9$인 경우

　$\dfrac{1}{1} = 1$, $\dfrac{1}{3} = 0.\dot{3}$, $\dfrac{1}{9} = 0.\dot{1}$이므로 $\dfrac{q}{p}$는 $0.\dot{x}y\dot{z}$ 꼴이 될 수
　없다.

(ii) $p = 27$인 경우 $\dfrac{1}{27} = 0.\dot{0}3\dot{7}$이고 $0 < 3 < 7$이므로 주어진
　조건을 만족한다.

(iii) $p = 37$인 경우 $\dfrac{1}{37} = 0.\dot{0}2\dot{7}$이고 $0 < 2 < 7$이므로 주어진
　조건을 만족한다.

(iv) $p = 111$인 경우 $\dfrac{1}{111} = 0.\dot{0}0\dot{9}$이고 $x < y < z$의 조건에 맞
　지 않는다.

위의 (i)~(iv)에서 구하는 값은 $27 + 37 = 64$이다.

14 $\dfrac{1}{3^n + 3^{n+1} + 3^{n+2} + 3^{n+3}} = \dfrac{1}{3^n \times 2^3 \times 5}$,

$\dfrac{1}{4^n + 4^{n+1} + 4^{n+2} + 4^{n+3}} = \dfrac{1}{4^n \times 5 \times 17}$

두 분수에 자연수 a를 각각 곱하여 소수로 나타내었을 때, 모
두 유한소수가 되려면 a는 $3^n \times 17$의 배수이어야 한다.

(i) $n = 1$일 때, a의 값은 $3 \times 17 = 51$, $51 \times 2 = 102$, $\cdots$
　　$51 \times 9 = 459$(9개)

(ii) $n = 2$일 때, a의 값은 $3^2 \times 17 = 153$, $153 \times 2 = 306$,
　　$153 \times 3 = 459$(3개)

(iii) $n = 3$일 때, a의 값은 $3^3 \times 17 = 459$(1개)

(iv) $n \geq 4$일 때, a의 값은 존재하지 않는다.

(i)~(iv)에서 순서쌍 (n, a)의 개수는 $9 + 3 + 1 = 13$(개)이다.

15 $1.\dot{8}1\dot{4} = \dfrac{1814 - 1}{999} = \dfrac{1813}{999} = \dfrac{49 \times 37}{27 \times 37} = \dfrac{7^2}{3^3}$

$0.\dot{9}4\dot{5} = \dfrac{945}{999} = \dfrac{5 \times 7 \times 3^3}{3^3 \times 37} = \dfrac{5 \times 7}{37}$

$\therefore 1.\dot{8}1\dot{4} \times 0.\dot{9}4\dot{5} = \dfrac{5 \times 7^3}{3^3 \times 37} = \dfrac{1715}{999} = 1.\dot{7}1\dot{6}$

$1.\dot{7}1\dot{6}$의 순환마디가 3개이고, 7, 1, 6이 반복되므로

$x_1+x_2+x_3+\cdots+x_{100}$

$=(x_1+x_2+x_3)+(x_4+x_5+x_6)$

$\qquad+\cdots+(x_{97}+x_{98}+x_{99})+x_{100}$

$=(7+1+6)+(7+1+6)+\cdots+(7+1+6)+7$

$=14\times33+7=469$

16 $\dfrac{9}{42}\times\dfrac{b}{a}=\dfrac{3}{2\times7}\times\dfrac{b}{a}$가 유한소수이기 위해서는 기약분수일

때 분모의 소인수가 2와 5뿐이어야 한다.

그러므로 b는 7의 배수, 즉, $b=7$ 또는 $b=14$이다.

(i) $b=7$일 때, $a=5, 6, 8, 10, 12$

$\qquad\dfrac{b}{a}=\dfrac{7}{5}, \dfrac{7}{6}, \dfrac{7}{8}, \dfrac{7}{10}, \dfrac{7}{12}$: 5가지

(ii) $b=14$일 때, $a=5, 6, 8, 10, 12$

$\qquad\dfrac{b}{a}=\dfrac{14}{5}, \dfrac{14}{6}=\dfrac{7}{3}, \dfrac{14}{8}=\dfrac{7}{4}, \dfrac{14}{10}=\dfrac{7}{5}, \dfrac{14}{12}=\dfrac{7}{6}$

이 중에서 $\dfrac{14}{5}$만 기약분수이므로 1가지

따라서 (i)과 (ii)에서 가능한 분수는 모두 6가지이다.

17 $A=60\times0.\dot{a}\dot{b}\times0.\dot{b}\dot{a}=60\times\dfrac{10a+b}{99}\times\dfrac{9b+a}{90}$

$A=2\times\dfrac{(10a+b)\times(9b+a)}{3^3\times11}$가 정수가 되려면 $10a+b$가

11의 배수이거나 $9b+a$가 11의 배수이어야 한다.

그런데 $10a+b$가 11의 배수이면 $a=b$가 되어 주어진 조건에

모순되므로 $9b+a$가 11의 배수이다.

따라서 $9b+a$가 11의 배수가 되는 a와 b의 순서쌍 (a, b)는

$(2, 1), (4, 2), (6, 3), (8, 4), (1, 6), (3, 7), (5, 8),$

$(7, 9)$

이 중에서 $10a+b$가 27의 배수인 경우는 없으므로

$10a+b$가 9의 배수이면서 $9b+a$가 3의 배수인 수를 찾으면

$a=6, b=3$이다.

$\therefore A=60\times\dfrac{63}{99}\times\dfrac{33}{90}=14$

18 $4(13x+1)=10a-1$에서

$52x+4=10a-1, 52x=10a-5$

$\therefore x=\dfrac{5(2a-1)}{52}$

이때 $\dfrac{5(2a-1)}{52}=\dfrac{5(2a-1)}{2^2\times13}$을 소수로 나타낼 때 유한소수

가 되려면 $2a-1$의 값은 13의 배수가 되어야 한다.

즉 $2a-1=13k$(k는 자연수)라 하면 $a=\dfrac{13k+1}{2}$

따라서 $10\le a\le50$을 만족시키는 a의 값은

$k=3$일 때 $a=20$, $k=5$일 때 $a=33$, $k=7$일 때 $a=46$의

3개이다.

2 다항식의 계산

핵심 문제 01 22쪽

1 136 　　**2** 8 　　**3** 23^{12} 　　**4** ①, ④ 　　**5** 6

1 $4^2\times4^2\times4^2=4^{2+2+2}=(2^2)^6=2^{12}$　$\therefore a=12$

$5^3+5^3+5^3+5^3+5^3=5\times5^3=5^4$　$\therefore b=4$

$\{(9^3)^4\}^5=(3^2)^{3\times4\times5}=3^{2\times3\times4\times5}=3^{120}$　$\therefore c=120$

$\therefore a+b+c=12+4+120=136$

2 이 생물 1마리는 7시간 후에 2^7마리가 된다.

따라서 생물이 2마리가 있으므로

7시간 후에는 $2\times2^7=2^8$(마리)가 된다.

$\therefore n=8$

3 주어진 수들의 지수가 각각 60, 48, 36, 24, 12이므로 주어진

수들의 지수를 모두 12로 만들어본다.

$2^{60}=(2^5)^{12}=32^{12}$, $3^{48}=(3^4)^{12}=81^{12}$

$5^{36}=(5^3)^{12}=125^{12}$, $7^{24}=(7^2)^{12}=49^{12}$, 23^{12}

따라서 $23<32<49<81<125$이므로 가장 작은 수는 23^{12}

4 ① $a^5\div a^8\times a^2=\dfrac{1}{a}$

④ $2^4\times3^x=12^y=2^{2y}\times3^y$에서 $4=2y, x=y$

$\qquad\therefore x=y=2$이므로 $x-y=0$

⑤ $(-1)^n\times(-1)^{n+1}\times(-1)^{n+3}\times(-1)^{n+4}=(-1)^{4n+8}$

n이 자연수일 때, $4n+8$은 짝수이므로 $(-1)^{4n+8}=1$

5 자연수 n에 대하여 $\ll3^n\gg$은 3, 9, 7, 1 순으로 반복되므로

$\ll3^{15}\gg=\ll3^{4\times3+3}\gg=\ll3^3\gg=7$

자연수 m에 대하여 5^m의 일의 자리 숫자는 항상 5이다.

자연수 k에 대하여 $\ll8^k\gg$은 8, 4, 2, 6 순으로 반복되므로

$\ll8^{20}\gg=\ll8^{4\times5}\gg=6$

$\therefore \ll3^{15}\gg+\ll5^{30}\gg-\ll8^{20}\gg=7+5-6=6$

응용 문제 01 23쪽

예제 ① 3, 3, 4, 108, 14 / 14

1 23 　　**2** ④ 　　**3** 17 　　**4** ② 　　**5** 2

1 40(GB)$=40\times2^{10}$(MB)

$\qquad\qquad=40\times2^{10}\times2^{10}$(KB)

$\qquad\qquad=(5\times2^3)\times2^{10}\times2^{10}=5\times2^{23}$(KB)

$\therefore k=23$

2 $a=3^{x+1}=3^x\times3^1$

양변을 3으로 나누면 $\dfrac{1}{3}a=3^x$

$b=7^{x-1}=7^x\times7^{-1}=7^x\times\dfrac{1}{7}$

양변에 7을 곱하면 $7b=7^x$

$63^x=(3^2\times7)^x=(3^x)^2\times7^x=\left(\dfrac{1}{3}a\right)^2\times7b=\dfrac{7}{9}a^2b$

3 $(-9)^5\div(-3)^m=-3^{n-7}$에서 우변이 음수이므로 좌변도 음수이다.

따라서 m은 짝수이다.

$(-3^2)^5\div3^m=-3^{10}\div3^m=(-1)\times3^{10-m}=(-1)\times3^{n-7}$

$10-m=n-7$

$\therefore m+n=17$

4 $\dfrac{4\times8^3}{3\times3^5}=\dfrac{2^2\times2^9}{3^6}=\dfrac{2^{11}}{3^6}$

$\dfrac{3\times27^3}{4\times4^2}=\dfrac{3\times3^9}{2^2\times2^4}=\dfrac{3^{10}}{2^6}$

(주어진 식)$=\dfrac{2^{11}}{3^6}\times\dfrac{3^{10}}{2^6}=2^5\times3^4$

$\qquad=2\times(2\times3)^4=2\times6^4=A\times6^B$

따라서 $A+B$의 최솟값은 $2+4=6$

5 $3^{x+1}\times(3^{x-1}+3^x)=4\times81$

(좌변)$=3^{x+1}\times(3^{x-1}+3^x)$

$\qquad=3^{x+1}\times3^{x-1}+3^{x+1}\times3^x$

$\qquad=3^{2x}+3^{2x+1}$

$\qquad=3^{2x}\times1+3^{2x}\times3=3^{2x}\times(1+3)=3^{2x}\times4$

(우변)$=4\times3^4$

$3^{2x}=3^4,\ 2x=4\qquad\therefore x=2$

핵심 문제 02　　24쪽

1 38　　**2** $\dfrac{9}{2}a^6b^4c^3$　　**3** -48　　**4** ②

5 $A=-12x^3y^2,\ B=7x^2y$

1 $\{(ab^3c)^4\}^2\div\{(a^2bc)^3\}^3\div\{(abc^2)^2\}^3$

$=a^8b^{24}c^8\div a^{18}b^9c^9\div a^6b^6c^{12}$

$=a^{8-18-6}b^{24-9-6}c^{8-9-12}$

$=\dfrac{b^9}{a^{16}c^{13}}$

$\therefore x+y+z=16+9+13=38$

---

2 $A=(-3a^2bc)^2\times(-4ab^2c)$

$\qquad=9a^4b^2c^2\times(-4ab^2c)=-36a^5b^4c^3$

$B=\left(-\dfrac{2b^2}{a^3}\right)^3\div\left(\dfrac{b^3}{a^4}\right)^2=-\dfrac{8b^6}{a^9}\times\dfrac{a^8}{b^6}=-\dfrac{8}{a}$

$\dfrac{A}{B}=-36a^5b^4c^3\div\left(-\dfrac{8}{a}\right)=-36a^5b^4c^3\times\left(-\dfrac{a}{8}\right)$

$\qquad=\dfrac{9}{2}a^6b^4c^3$

3 (주어진 식)$=\dfrac{49a^6b^2\times(-27a^3b^6)}{a^{10}b^8\times36a^3b^2}$

$\qquad=-\dfrac{147}{4a^4b^2}=-\dfrac{147}{4}\times\left(\dfrac{8}{7}\right)^2$

$\qquad=-\dfrac{147}{4}\times\dfrac{64}{49}=-48$

4 (주어진 식)$=8x^6y^3\div\square\times\dfrac{25}{16}x^2y^4=-\dfrac{5}{8}x^5y^3$

$\therefore\square=8x^6y^3\times\dfrac{25}{16}x^2y^4\times\left(-\dfrac{8}{5x^5y^3}\right)=-20x^3y^4$

5 ㈎ $27x^6y^3\div A\times16x^2y^2=-36x^5y^3$

$\therefore A=27x^6y^3\times16x^2y^2\div(-36x^5y^3)=-12x^3y^2$

ㄴ $4x^2y\div\left(\dfrac{-14x^5y}{B}\right)=-\dfrac{2y}{x}$

$4x^2y\times\left(\dfrac{B}{-14x^5y}\right)=-\dfrac{2y}{x}$

$\therefore B=-\dfrac{2y}{x}\times\dfrac{1}{4x^2y}\times(-14x^5y)=7x^2y$

응용 문제 02　　25쪽

예제 ❷ 8, 6, $9a^6b^2$, $9a^6b^2$, $576\pi a^{10}b^{10}$/$576\pi a^{10}b^{10}$

1 ⑤　　**2** $27x^5y^3$　　**3** $2\pi x^4y^3$　　**4** $-\dfrac{2}{3}$

1 $16^x=(2^x)^4=a^4$

$27^x=(3^x)^3=b^3$

$36^x=(2^2\times3^2)^x=(2^x)^2\times(3^x)^2=a^2b^2$

$\dfrac{1}{16^x}\times36^x\div\dfrac{1}{27^x}=\dfrac{1}{a^4}\times a^2b^2\div\dfrac{1}{b^3}=\dfrac{1}{a^4}\times a^2b^2\times b^3=\dfrac{b^5}{a^2}$

2 어떤 식을 A라 하면

$(-3x^2y)^2\div A\times(-2x^2y)=3x^3y$

$9x^4y^2\div A\times(-2x^2y)=3x^3y$

$\therefore A=9x^4y^2\times(-2x^2y)\div3x^3y=-6x^3y^2$

따라서 바르게 계산한 답은

$(-3x^2y)^2\times(-6x^3y^2)\div(-2x^2y)$

$=9x^4y^2\times(-6x^3y^2)\div(-2x^2y)=27x^5y^3$

3 직각삼각형 ABC를 직선 AC를 축으로 1회전시키면

밑면의 반지름의 길이가 $2x^2$, 높이가 $\dfrac{3}{2}y^3$인 원뿔이 생긴다.

따라서 이 원뿔의 부피는

$\dfrac{1}{3} \times \pi \times (2x^2)^2 \times \dfrac{3}{2}y^3 = \dfrac{1}{3} \times 4\pi x^4 \times \dfrac{3}{2}y^3 = 2\pi x^4 y^3$

4 (주어진 식)$= 4x^2 y^b \times ax^3 y^6 \times \dfrac{9}{16x^2 y^{12}}$

$\qquad\qquad = \dfrac{9ax^3}{4y^{6-b}} = \dfrac{3x^3}{2y^4}$

$\dfrac{9a}{4} = \dfrac{3}{2}$, $6-b=4$ $\quad \therefore a = \dfrac{2}{3}$, $b=2$

$\therefore \dfrac{6a^2}{b} \div \dfrac{3a^2 b^3}{2} \times \left(-\dfrac{3}{4}a^2 b^3 \right)$

$= \dfrac{6a^2}{b} \times \dfrac{2}{3a^2 b^3} \times \left(-\dfrac{3}{4}a^2 b^3 \right) = -\dfrac{3a^2}{b}$

$= -3 \times \left(\dfrac{2}{3} \right)^2 \times \dfrac{1}{2} = -3 \times \dfrac{4}{9} \times \dfrac{1}{2} = -\dfrac{2}{3}$

핵심 문제 03   26쪽

1 다솔   **2** 2   **3** 12   **4** $x^2 - 7x - 7$ **5** 22

1 $\dfrac{3(2x-y+z) - 2(x+2y-z) - (x-y-2z)}{6}$

$= \dfrac{6x-3y+3z-2x-4y+2z-x+y+2z}{6}$

$= \dfrac{3x-6y+7z}{6} = \dfrac{1}{2}x - y + \dfrac{7}{6}z$

다솔 : 모든 계수의 합은 $\dfrac{2}{3}$이다.

2 $\dfrac{3}{2}(x-4) - \dfrac{4}{5}(x-a) = \dfrac{3}{2}x - 6 - \dfrac{4}{5}x + \dfrac{4}{5}a$

상수항이 6이므로 $-6 + \dfrac{4}{5}a = 6$

$\dfrac{4}{5}a = 12$ $\quad \therefore a = 15$

$2(by-x) + 7(4x+3y) = 2by - 2x + 28x + 21y$

y의 계수가 -5이므로 $2b + 21 = -5$, $2b = -26$

$\therefore b = -13$

$\therefore a+b = 15 + (-13) = 2$

3 $A + (x^2 + 4x - 5) = 6x^2 - x + 1$

$\therefore A = 6x^2 - x + 1 - (x^2 + 4x - 5) = 5x^2 - 5x + 6$

$B - (x^2 + 4x - 5) = -2x^2 + x - 5$

$\therefore B = -2x^2 + x - 5 + (x^2 + 4x - 5) = -x^2 + 5x - 10$

$A - B = 5x^2 - 5x + 6 - (-x^2 + 5x - 10)$

$\qquad = 5x^2 - 5x + 6 + x^2 - 5x + 10$

$\qquad = 6x^2 - 10x + 16$

따라서 x^2의 계수, x의 계수, 상수항의 합을 구하면

$6 + (-10) + 16 = 12$

4 $[-0.8]A + [2.3]B - [-1.01]C$

$= -A + 2B + 2C$

$= -(2x^2 + 3x + 1) + 2\left(\dfrac{1}{2}x^2 - 4 \right) + 2(x^2 - 2x + 1)$

$= -2x^2 - 3x - 1 + x^2 - 8 + 2x^2 - 4x + 2$

$= x^2 - 7x - 7$

5 (좌변)$= x^2 + \{ 3x^2 - (6x^2 - 6x + A) - 2 \}$

$\qquad = x^2 + (3x^2 - 6x^2 + 6x - A - 2)$

$\qquad = x^2 + (-3x^2 + 6x - A - 2)$

$\qquad = -2x^2 + 6x - A - 2$

$-2x^2 + 6x - A - 2 = -2x^2 + 3x + 6$

$\therefore A = -2x^2 + 6x - 2 - (-2x^2 + 3x + 6)$

$\qquad = -2x^2 + 6x - 2 + 2x^2 - 3x - 6$

$\qquad = 3x - 8$

$2A = 6x - 16$이므로 $a = 0$, $b = 6$, $c = -16$

$\therefore a + b - c = 0 + 6 - (-16) = 22$

응용 문제 03   27쪽

예제 ③ 5, $8x^2 - x - 5$, 5, 5, 6, $1/10x^2 - 6x - 1$

1 a **2** 20   **3** $20x - 8y$ **4** 1

1 $2n-1$, $2n+1$은 홀수이고, $2n$은 짝수이므로

(주어진 식)$= -(3a+2b) - (a-5b) - (-5a+3b)$

$\qquad\qquad = -3a - 2b - a + 5b + 5a - 3b = a$

2 $A = 2(2x \times 3y + 2x \times 5 + 3y \times 5)$

$\quad = 2(6xy + 10x + 15y) = 12xy + 20x + 30y$

$B = 2(3x - y) - 2(5x - 2y)$

$\quad = 6x - 2y - 10x + 4y$

$\quad = -4x + 2y$

$C = A - 3B$

$\quad = 12xy + 20x + 30y - 3(-4x + 2y)$

$\quad = 12xy + 20x + 30y + 12x - 6y$

$\quad = 12xy + 32x + 24y$

따라서 다항식 C의 xy의 계수와 x의 계수의 차는

$32-12=20$

3 다항식 A를 $-A$로 보았으므로

$4x-\{8y-(3x-y-A)\}+4y=-2(3x+y)$

$4x-(9y-3x+A)+4y=-6x-2y$

$4x-9y+3x-A+4y=-6x-2y$

$7x-5y-A=-6x-2y$

$\therefore A=(7x-5y)-(-6x-2y)=13x-3y$

다시 바르게 계산하면

$4x-\{8y-(3x-y+13x-3y)\}+4y$

$=4x-\{8y-(16x-4y)\}+4y$

$=4x-(-16x+12y)+4y$

$=4x+16x-12y+4y$

$=20x-8y$

4 $A \odot B=\dfrac{1}{3}(x^2-3x+1-2x^2+6x-1)=-\dfrac{1}{3}x^2+x$

$A \diamondsuit 2B=\dfrac{1}{3}\{x^2-3x+1-2(-2x^2+6x-1)\}$

$\qquad =\dfrac{1}{3}(x^2-3x+1+4x^2-12x+2)$

$\qquad =\dfrac{1}{3}(5x^2-15x+3)$

$\qquad =\dfrac{5}{3}x^2-5x+1$

$(A \odot B) \diamondsuit (A \diamondsuit 2B)=\dfrac{1}{3}\left\{-\dfrac{1}{3}x^2+x-\left(\dfrac{5}{3}x^2-5x+1\right)\right\}$

$\qquad =\dfrac{1}{3}\left(-\dfrac{1}{3}x^2+x-\dfrac{5}{3}x^2+5x-1\right)$

$\qquad =\dfrac{1}{3}(-2x^2+6x-1)$

$\qquad =-\dfrac{2}{3}x^2+2x-\dfrac{1}{3}$

$\therefore a+b+c=-\dfrac{2}{3}+2-\dfrac{1}{3}=1$

핵심 문제 04   28쪽

1 ③   **2** ④   **3** $4x-12y-3$ **4** $4a^2+11b$

1 $2x(5x^2+ax-1)+3x^2(4-x)-4(x+x^2)$

$=10x^3+2ax^2-2x+12x^2-3x^3-4x-4x^2$

$=7x^3+(2a+8)x^2-6x$

$7x^3+(2a+8)x^2-6x=7x^3+14x^2+2bx$에서

$2a+8=14,\ -6=2b$

$\therefore a=3,\ b=-3$

$\therefore a+b=0$

2 $(-ab^3+3a^2b^2)\div\dfrac{1}{3}ab^2-(2ac^4-3bc^2)\div\left(-\dfrac{1}{2}c^2\right)$

$=-3b+9a-(-4ac^2+6b)$

$=-3b+9a+4ac^2-6b$

$=9a-9b+4ac^2$

$=9\times(-1)-9\times(-2)+4\times(-1)\times\left(\dfrac{1}{2}\right)^2$

$=-9+18-1$

$=8$

3 $A=\dfrac{2}{3}x+2y$

$B=\left(3x^2y-\dfrac{2}{3}xy^2\right)\times\dfrac{6}{xy}=18x-4y$

$9A-(B-2C)=-4x-2y-6$에서

$2C=-4x-2y-6-9A+B$

$\qquad =-4x-2y-6-9\left(\dfrac{2}{3}x+2y\right)+18x-4y$

$\qquad =-4x-2y-6-6x-18y+18x-4y$

$\qquad =8x-24y-6$

$\therefore C=4x-12y-3$

4 아랫변의 길이를 X라 하자.

(사다리꼴의 넓이)

$=\dfrac{1}{2}\times(X+4a^2+5b)\times\dfrac{5}{4}a^3b^4=5a^5b^4+10a^3b^5$이므로

$\dfrac{5}{8}a^3b^4\times(X+4a^2+5b)=5a^5b^4+10a^3b^5$

$X+4a^2+5b=(5a^5b^4+10a^3b^5)\div\dfrac{5}{8}a^3b^4$

$X+4a^2+5b=8a^2+16b$

$\therefore X=8a^2+16b-(4a^2+5b)=4a^2+11b$

응용 문제 04   29쪽

예제 ④ $3xy,\ 3xy,\ 3xy,\ 8xy,\ \dfrac{1}{4}\ /\ \dfrac{1}{4}$

1 ②   **2** $6xy+x-y$ **3** 399   **4** ⑤

1 (주어진 식)$=\left(\dfrac{2}{9}x^3y^2-\dfrac{5}{9}x^2y^4\right)\div\dfrac{1}{18}xy$

$\qquad\qquad\qquad -6x^3y^4\left(\dfrac{5}{2x^2y}+\dfrac{1}{3xy^3}\right)$

$$=\left(\frac{2}{9}x^3y^2-\frac{5}{9}x^2y^4\right)\times\frac{18}{xy}$$
$$\qquad -6x^3y^4\left(\frac{5}{2x^2y}+\frac{1}{3xy^3}\right)$$
$$=4x^2y-10xy^3-15xy^3-2x^2y$$
$$=2x^2y-25xy^3$$

2 (상자 전체의 높이)
= (큰 직육면체의 높이)+(작은 직육면체의 높이)이므로
$$h=(48x^2y^2-12xy^2)\div12xy+(12x^2y^2+6x^2y)\div6xy$$
$$=4xy-y+2xy+x$$
$$=6xy+x-y$$

3 어떤 다항식을 몫과 나머지로 나타내면
$$2x^2(3x^2+x-2)+x^2-6$$
전개하여 정리하면 $6x^4+2x^3-3x^2-6$ ··· ㉠
㉠에 $x=-3$을 대입하면
$$6\times(-3)^4+2\times(-3)^3-3\times(-3)^2-6$$
$$=486-54-27-6$$
$$=399$$

4 $x:y:z=1:4:2$이므로 $x=k,\ y=4k,\ z=2k\,(k\neq0)$를 주어진 식에 대입하면
$$\frac{k^2+16k^2+4k^2-2(4k^2+8k^2+2k^2)}{2k^2}=\frac{-7k^2}{2k^2}=-\frac{7}{2}$$

심화 문제
30~35쪽

01 ③	**02** 12	**03** 2^8	**04** $21x^2-10x-13$
05 11	**06** 8가지	**07** $\frac{y^4}{x^3}$	**08** 21
09 2개	**10** -5	**11** $\frac{5}{3}x^3y$	**12** a^3b^3개
13 $-\frac{4}{3}$	**14** $a=\frac{cd}{b-d}$	**15** -1	**16** $\frac{1}{2}$
17 $300x^2y^2-120xy^3$		**18** $x=\frac{6yz}{17y-900+6z}$	

01
$$6^{2n-2}(9^{n+1}+3^{2n+3})=6^{2n-2}\{(3^2)^{n+1}+3^{2n+3}\}$$
$$=6^{2n-2}(3^{2n+2}+3^{2n+3})$$
$$=\frac{6^{2n}}{6^2}(3^{2n}\times3^2+3^{2n}\times3^3)$$
$$=\frac{6^{2n}}{36}(9\times3^{2n}+27\times3^{2n})$$
$$=\frac{6^{2n}}{36}(36\times3^{2n})$$

$$=6^{2n}\times3^{2n}=(6\times3)^{2n}=18^{2n}$$

02 $64^n\times(2.7)^6=(4^3)^n\times\left(\frac{3^3}{10}\right)^6=4^{3n}\times\frac{3^{18}}{10^6}=4^{3n}\times3^{18}\times\frac{1}{10^6}$
$$12^6\times3^{3m}\times\frac{1}{10^l}=(3\times4)^6\times3^{3m}\times\frac{1}{10^l}$$
$$=3^6\times4^6\times3^{3m}\times\frac{1}{10^l}=4^6\times3^{3m+6}\times\frac{1}{10^l}$$
따라서 $4^{3n}\times3^{18}\times\frac{1}{10^6}=4^6\times3^{3m+6}\times\frac{1}{10^l}$이므로
$3n=6,\ 18=3m+6,\ 6=l$ ∴ $n=2,\ m=4,\ l=6$
∴ $m+n+l=4+2+6=12$

03
$$\left(\frac{16^6+4^9}{16^5+4^7}\right)^2=\left\{\frac{(2^4)^6+(2^2)^9}{(2^4)^5+(2^2)^7}\right\}^2=\left(\frac{2^{24}+2^{18}}{2^{20}+2^{14}}\right)^2$$
$$=\left(\frac{2^6\cdot2^{18}+2^{18}}{2^6\cdot2^{14}+2^{14}}\right)^2=\left\{\frac{(2^6+1)2^{18}}{(2^6+1)2^{14}}\right\}^2$$
$$=(2^4)^2=2^8$$

04
$$A-\{3C+(4-2B)-3A\}$$
$$=A-(3C+4-2B-3A)=4A+2B-3C-4$$
$$=4(2x^2-4x+3)+2(3x+5x^2)-3(-x^2+7)-4$$
$$=8x^2-16x+12+6x+10x^2+3x^2-21-4$$
$$=21x^2-10x-13$$

05 $\frac{3}{x}+\frac{2}{y}=4$에서 $\frac{3y+2x}{xy}=4,\ 3y+2x=4xy$
$$∴\ \frac{15x-8xy+17y}{x+y}=\frac{15x-2\times4xy+17y}{x+y}$$
$$=\frac{15x-2(3y+2x)+17y}{x+y}=\frac{11x+11y}{x+y}=11$$

06 $27^8=3^{24}$이므로 지수 24의 약수는 1, 2, 3, 4, 6, 8, 12, 24 이다.
$3^{24}=(3^2)^{12}=(3^3)^8=(3^4)^6=(3^6)^4=(3^8)^3=(3^{12})^2=(3^{24})^1$
따라서 27^8은 모두 8가지의 서로 다른 a^n의 꼴로 나타낼 수 있다.

07
$$\frac{1}{2^{4n}}\times25^{3n}\div10^{2n}=\frac{1}{(2^2)^{2n}}\times(5^2)^{3n}\times\frac{1}{(2\times5)^{2n}}$$
$$=\frac{1}{4^{2n}}\times5^{6n}\times\frac{1}{2^{2n}\times5^{2n}}$$
$$=\frac{1}{4^{2n}}\times5^{6n}\times\frac{1}{4^n\times5^{2n}}=\frac{(5^n)^4}{(4^n)^3}=\frac{y^4}{x^3}$$

08
$$\left(\frac{y^2}{x}\right)^a\div\left(\frac{4y^b}{3x^3}\right)^3\times\left(\frac{2x^3}{3y^2}\right)^2=\frac{y^{2a}}{x^a}\div\frac{64y^{3b}}{27x^9}\times\frac{4x^6}{9y^4}$$
$$=\frac{y^{2a}}{x^a}\times\frac{27x^9}{64y^{3b}}\times\frac{4x^6}{9y^4}$$
$$=\frac{3}{16}x^{15-a}y^{2a-3b-4}=\frac{3}{16}xy^3$$

12 정답 및 해설

이므로 $15-a=1$에서 $a=14$

$2a-3b-4=3$에서 $2\times14-3b-4=3$, $b=7$

$\therefore a+b=14+7=21$

09 $(-1)^{ab}\times(-8)^b\times(-2)^{ab}=(-4)^4\times(-16)^5$에서

$(-1)^{ab}\times(-1)^b\times(2^3)^b\times(-1)^{ab}\times2^{ab}$

$=(-1)^4\times(2^2)^4\times(-1)^5\times(2^4)^5$

$(-1)^{ab+b+ab}2^{3b+ab}=(-1)^{4+5}\times2^{8+20}$ ··· ㉠

㉠의 우변이 $(-1)^9$로 음수이므로 $(-1)^{ab+b+ab}$가 음수가 되려면 $ab+b+ab$가 홀수이어야 하고 이때 b는 홀수이다.

$3b+ab=28$에서 순서쌍 $(a,\ b)$는 $(25,\ 1)$, $(1,\ 7)$의 2개이다.

10 $\left(\dfrac{1}{2}\right)^3\times\left(\dfrac{1}{4}\right)^2\times\dfrac{1}{8}=\dfrac{1}{2^3}\times\dfrac{1}{2^4}\times\dfrac{1}{2^3}=\dfrac{1}{2^{10}}$이므로

$R\left[\left(\dfrac{1}{2}\right)^3\times\left(\dfrac{1}{4}\right)^2\times\dfrac{1}{8}\right]=R\left[\dfrac{1}{2^{10}}\right]=-10$ $\therefore x=-10$

$y=16=2^4$이므로 $y^3=(2^4)^3=2^{12}$

$R[y^3]=-x+z\times R[y]$에서

$R[2^{12}]=-(-10)+z\times R[2^4]$, $12=10+4z$ $\therefore z=\dfrac{1}{2}$

$\therefore xz=-10\times\dfrac{1}{2}=-5$

11 $\left(\dfrac{3}{4}x^2y\right)^2\times\boxed{}\div\dfrac{5}{4}x^6y=\dfrac{3}{4}xy^2$

$\dfrac{9}{16}x^4y^2\times\boxed{}\div\dfrac{5}{4}x^6y=\dfrac{3}{4}xy^2$

$\therefore\boxed{}=\dfrac{3}{4}xy^2\div\dfrac{9}{16}x^4y^2\times\dfrac{5}{4}x^6y$

$=\dfrac{3xy^2}{4}\times\dfrac{16}{9x^4y^2}\times\dfrac{5x^6y}{4}=\dfrac{5}{3}x^3y$

12 가장 작은 정육면체의 모서리의 길이는 a^4b^2, a^2b^4, a^3b^3의 최소공배수인 a^4b^4이다.

따라서 정육면체의 부피는 $(a^4b^4)^3=a^{12}b^{12}$이고, 직육면체의 부피는 $a^4b^2\times a^2b^4\times a^3b^3=a^9b^9$이다.

그러므로 필요한 직육면체 상자의 개수는

$a^{12}b^{12}\div a^9b^9=a^3b^3$(개)

13 $3^{n-1}(5^n-5^{n+1})=(3^{n-1}\times5^n)-(3^{n-1}\times5^{n+1})$

$=\left(3^n\times\dfrac{1}{3}\times5^n\right)-\left(3^n\times\dfrac{1}{3}\times5^n\times5\right)$

$=\dfrac{1}{3}\times(3\times5)^n-\dfrac{1}{3}\times(3\times5)^n\times5$

$=\left(\dfrac{1}{3}\times15^n\right)-\left(\dfrac{5}{3}\times15^n\right)$

$=\left(\dfrac{1}{3}-\dfrac{5}{3}\right)\times15^n=-\dfrac{4}{3}\times15^n$

$\therefore a=-\dfrac{4}{3}$

14 $\dfrac{b}{100}\times a=\dfrac{d}{100}\times(a+c)$, $ab=d(a+c)$, $ab-ad=cd$

$(b-d)a=cd$ $\therefore a=\dfrac{cd}{b-d}$

15 $a+\dfrac{1}{b}=1$에서 $a=1-\dfrac{1}{b}=\dfrac{b-1}{b}$

$b+\dfrac{2}{c}=1$에서 $\dfrac{2}{c}=1-b$, $c=\dfrac{2}{1-b}$이므로

$abc=\dfrac{b-1}{b}\times b\times\dfrac{2}{1-b}=-2$

$\therefore\dfrac{2}{abc}=\dfrac{2}{-2}=-1$

16 $\dfrac{a}{b+c}=\dfrac{b}{c+a}=\dfrac{c}{a+b}=k$에서

$a=(b+c)k$, $b=(c+a)k$, $c=(a+b)k$

세 식을 변끼리 더하면

$a+b+c=(2a+2b+2c)k=2(a+b+c)k$

그런데 $a+b+c\neq0$이므로 $2k=1$ $\therefore k=\dfrac{1}{2}$

17 오른쪽 그림과 같은 모양의 입체도형을 만드는 데 필요한 쌓기나무의 개수는 10개이다.

직육면체 모양의 쌓기나무 한 개의 부피는

$4x\times(5x-2y)\times\dfrac{3}{2}y^2=6xy^2(5x-2y)$

$=30x^2y^2-12xy^3$

따라서 쌓은 쌓기나무 전체의 부피는

$10\times(30x^2y^2-12xy^3)=300x^2y^2-120xy^3$

18 (A 마을에서 B 마을까지 걸린 시간)
$+$(B 마을에서 C 마을까지 걸린 시간)

$=3$시간-10분$=\dfrac{17}{6}$시간

이므로

$\dfrac{z}{x}+\dfrac{150-z}{y}=\dfrac{17}{6}$, $\dfrac{z}{x}=\dfrac{17}{6}-\dfrac{150-z}{y}$,

$\dfrac{z}{x}=\dfrac{17y-900+6z}{6y}$

$\therefore x=\dfrac{6yz}{17y-900+6z}$

최상위 문제

36~41쪽

01 320 **02** 40 **03** $\dfrac{224}{27}$ **04** 9

05 11 **06** 1 **07** $e=\dfrac{ad-bc}{d-b}$

08 0 **09** a^3 **10** $b=\dfrac{2S+a^2}{3a}$ **11** 4 : 17

12 116 **13** 14 **14** 9 **15** $12x^2-6x-1-\dfrac{3y^3}{x^2}$

16 $-2x^3+\dfrac{14}{3}x^2y-\dfrac{4}{3}x-\dfrac{4y^2}{9x}+\dfrac{14}{9}y$

17 10 **18** 2

---

01 n이 짝수이므로 $(-1)^{n+1}=-1$, $(-1)^n=1$,
$(-1)^{n-1}=-1$

$\therefore \left(-\dfrac{1}{25}\right)^2 \times (-5)^5 \div 0.125^2$
$\qquad\qquad \times \{(-1)^{n+1}+(-1)^n+(-1)^{n-1}\}$

$=\dfrac{1}{(5^2)^2} \times (-1) \times 5^5 \div \left(\dfrac{1}{8}\right)^2 \times \{-1+1+(-1)\}$

$=\dfrac{1}{5^4} \times (-1) \times 5^5 \times 8^2 \times (-1)$

$=5 \times 8^2 = 320$

02 $5=\dfrac{50}{10}=\dfrac{50}{50^b}=50^{1-b}$이므로

$5^{\frac{-a-b}{b-1}}=5^{\frac{-(a+b)}{-(1-b)}}=5^{\frac{a+b}{1-b}}=(50^{1-b})^{\frac{a+b}{1-b}}=50^{a+b}=50^a \times 50^b$
$\qquad =4 \times 10 = 40$

03 $2^{n+3}(3^n+3^{n-3})$

$=(2^{n+3} \times 3^n)+(2^{n+3} \times 3^{n-3})$

$=(2^n \times 2^3 \times 3^n)+\left(2^n \times 2^3 \times 3^n \times \dfrac{1}{3^3}\right)$

$=(2\times 3)^n \times 2^3+(2 \times 3)^n \times 2^3 \times \dfrac{1}{3^3}$

$=(2 \times 3)^n \times \left(2^3+2^3 \times \dfrac{1}{3^3}\right)$

$=6^n \times \left(8+\dfrac{8}{27}\right)=6^n \times \dfrac{8\times 27+8}{27}$

$=6^n \times \dfrac{224}{27}$

$\therefore a=\dfrac{224}{27}$

04 $32^x \times 3 \times 5^3 \div (2^4)^x=2^{5x} \times 3 \times 5^3 \div 2^{4x}=2^x \times 3 \times 5^3$

$x=1$이면 $2 \times 3 \times 5^3=750(\times)$

$x=2$이면 $2^2 \times 3 \times 5^3=750 \times 2=1500(\bigcirc)$

$x=3$이면 $1500 \times 2=3000(\bigcirc)$

$x=4$이면 $3000 \times 2=6000(\bigcirc)$

$x=5$이면 $6000 \times 2=12000(\times)$

따라서 구하는 x의 값은 2, 3, 4이므로 모든 x의 값의 합은
$2+3+4=9$이다.

05 $24^{n+1}=24 \times (3\times 8)^n=24 \times 3^n \times (2^3)^n=24 \times 3^n \times 2^{3n}$
$\qquad\quad =24 \times 3^n \times (2^n)^3=24x^3y$

$27^n=(3^3)^n=3^{3n}=(3^n)^3=y^3$

$4^{n+1}=4 \times 4^n=4 \times (2^2)^n=4 \times 2^{2n}=4 \times (2^n)^2=4x^2$

$\therefore 24^{n+1} \times 27^n \div 4^{n+1}=\dfrac{24x^3y \times y^3}{4x^2}=6xy^4$

$\therefore a+b+c=6+1+4=11$

06 (주어진 식)$=\dfrac{x}{xy+x+1}+\dfrac{y}{yz+y+xyz}+\dfrac{z}{zx+z+xyz}$

$=\dfrac{x}{xy+x+1}+\dfrac{1}{z+1+zx}+\dfrac{1}{x+1+xy}$

$=\dfrac{x}{xy+x+1}+\dfrac{xyz}{z+xyz+xz}+\dfrac{1}{x+1+xy}$

$=\dfrac{x}{xy+x+1}+\dfrac{xy}{xy+x+1}+\dfrac{1}{xy+x+1}$

$=\dfrac{xy+x+1}{xy+x+1}=1$

07 책꽂이의 길이를 1, 수학책 1권의 두께를 x, 영어책 1권의
두께를 y라 하면

$ax+by=1 \cdots \bigcirc$

$cx+dy=1 \cdots \bigcirc\!\!\bigcirc$

$ex=1 \qquad\cdots \bigcirc\!\!\!\bigcirc$

$\bigcirc \times d$를 하면 $adx+bdy=d \cdots \textcircled{\scriptsize ㄹ}$

$\bigcirc\!\!\bigcirc \times b$를 하면 $bcx+bdy=b \quad \cdots \textcircled{\scriptsize ㅁ}$

$\textcircled{\scriptsize ㄹ}-\textcircled{\scriptsize ㅁ}$을 하면 $(ad-bc)x=d-b \quad \therefore x=\dfrac{d-b}{ad-bc}$

따라서 $\bigcirc\!\!\!\bigcirc$에서 $e=\dfrac{1}{x}=\dfrac{ad-bc}{d-b}$

08 (주어진 식)$=\dfrac{-x(y-z)-y(z-x)-z(x-y)}{(x-y)(y-z)(z-x)}$

$=\dfrac{-xy+xz-yz+yx-zx+zy}{(x-y)(y-z)(z-x)}=0$

09 (주어진 식)$=a(bd+cd+be+bf+ce+cf)$

$=a\{b(d+e+f)+c(d+e+f)\}$

$=a\{(b+c)(d+e+f)\}=a^3$

10 $S=\square ABCD-(\triangle ABE+\triangle ECF+\triangle AFD)$

$=3ab-\left(\dfrac{3}{2}a^2+ab-a^2+\dfrac{1}{2}ab\right)$

$$= 3ab - \frac{3}{2}ab - \frac{1}{2}a^2 = \frac{3}{2}ab - \frac{1}{2}a^2$$

$$\frac{3}{2}ab = S + \frac{1}{2}a^2, \quad \frac{3}{2}ab = \frac{2S + a^2}{2} \qquad \therefore b = \frac{2S + a^2}{3a}$$

11 A반의 남학생을 x_1명, B반의 남학생을 x_2명이라 하고, 여학생의 총 수를 y명이라 하면

$(x_1 + x_2) : y = 9 : 8$에서 $y = (x_1 + x_2) \times \dfrac{8}{9}$

A반의 여학생을 y_1명, B반의 여학생을 y_2명이라 하면

$x_1 : y_1 = 8 : 9$에서 $y_1 = \dfrac{9}{8}x_1$,

$x_2 : y_2 = 6 : 5$에서 $y_2 = \dfrac{5}{6}x_2$

$y = y_1 + y_2$이므로 $(x_1 + x_2) \times \dfrac{8}{9} = \dfrac{9}{8}x_1 + \dfrac{5}{6}x_2$

$64(x_1 + x_2) = 81x_1 + 60x_2$, $4x_2 = 17x_1$

$\therefore x_1 : x_2 = 4 : 17$

12 $9xy = 720$이므로

$xy = 80 \cdots \text{㉠}$

한편 $\overline{AG} = \overline{EF}$이므로 $5x = 4y$

$x = \dfrac{4}{5}y \cdots \text{㉡}$

㉡을 ㉠에 대입하면

$\dfrac{4y^2}{5} = 80$, $y^2 = 100 = 10^2$ $\therefore y = 10$

$y = 10$을 ㉡에 대입하면 $x = 8$

따라서 직사각형 AEFG의 둘레의 길이는

$7x + 6y = 116$

13 꺼낸 바둑돌의 개수는 차례로 x, x, $2x$, $4x$, $8x$, $\cdots$이고, 마지막에 꺼낸 바둑돌의 개수는 $x \times 2^{y-2}$이다.

$x + x + 2x + 4x + 8x + \cdots + x \times 2^{y-2}$

$= x(1 + 1 + 2 + 2^2 + 2^3 + \cdots + 2^{y-2})$

$= x \times 2^{y-1}$

왜냐하면 $S = 1 + 2 + 2^2 + 2^3 + \cdots + 2^{y-2}$이라 하면

$2S = 2 + 2^2 + 2^3 + 2^4 + \cdots + 2^{y-2} + 2^{y-1}$

$2S - S = 2^{y-1} - 1$

$\therefore S = 2^{y-1} - 1$

$x \times 2^{y-1} = 448$에서

$448 = 1 \times 448 = 2 \times 224 = 2^2 \times 112 = 2^3 \times 56$

$\qquad = 2^4 \times 28 = 2^5 \times 14 = 2^6 \times 7$

$x + y$의 값이 최소가 되려면

$x \times 2^{y-1} = 7 \times 2^6$일 때, $x = 7$, $y = 7$

$\therefore x + y = 7 + 7 = 14$

14 6개의 수를 a, b, c, d, e, f라 하면

$(abcde) \times (abcdf) \times (abcef) \times (abdef) \times (acdef)$
$\times (bcdef)$

$= a^5 b^5 c^5 d^5 e^5 f^5 = (abcdef)^5$이고

$(abcdef)^5 = 4 \times 8 \times 36 \times 72 \times 162 \times 144 = (2^3 \times 3^2)^5$

이므로 $abcdef = 2^3 \times 3^2 = 72$이다.

따라서 6개의 수 중 가장 큰 수는 $72 \div 4 = 18$이고

가장 작은 수는 $72 \div 144 = \dfrac{1}{2}$이므로

두 수의 곱은 $18 \times \dfrac{1}{2} = 9$이다.

15 $A = 6x^2 - x - 1$, $B = 6x^2 + 3x - 2$,

$C = 27x^6 y^9 \div 9x^8 y^6 = \dfrac{3y^3}{x^2}$이므로

$2A - [3B - \{A + (2B - C)\}]$

$= 2A - (3B - A - 2B + C)$

$= 2A - B + A - C$

$= 3A - B - C$

$= 3(6x^2 - x - 1) - (6x^2 + 3x - 2) - \dfrac{3y^3}{x^2}$

$= 18x^2 - 3x - 3 - 6x^2 - 3x + 2 - \dfrac{3y^3}{x^2}$

$= 12x^2 - 6x - 1 - \dfrac{3y^3}{x^2}$

16 $A = \dfrac{15x^4 y^3 - 12x^3 y^4}{9x^4 y^2} = \dfrac{5}{3}y - \dfrac{4y^2}{3x}$,

$B = 3x^3 - 9x^2 y + x - 3y$이므로

$A - (2B + 3C)$

$= \dfrac{5}{3}y - \dfrac{4y^2}{3x} - 2(3x^3 - 9x^2 y + x - 3y) - 3C$

$= \dfrac{5}{3}y - \dfrac{4y^2}{3x} - 6x^3 + 18x^2 y - 2x + 6y - 3C$

$= -6x^3 + 18x^2 y - 2x - \dfrac{4y^2}{3x} + \dfrac{23}{3}y - 3C = 4x^2 y + 2x + 3y$

$3C = -6x^3 + 14x^2 y - 4x - \dfrac{4y^2}{3x} + \dfrac{14}{3}y$

$\therefore C = -2x^3 + \dfrac{14}{3}x^2 y - \dfrac{4}{3}x - \dfrac{4y^2}{9x} + \dfrac{14}{9}y$

17 $(-6)^4 \div (-3)^m = (-2)^{n-2}$에서

$6^4 = (-2)^{n-2} \times (-3)^m = 2^{n-2} \times (-3)^{n-2} \times (-3)^{m-(n-2)}$
$\qquad = 6^{n-2} \times (-3)^{m-n+2}$

이므로 $n - 2 = 4$, $m - n + 2 = 0$

따라서 $n = 6$, $m = 4$이므로 $m + n = 4 + 6 = 10$

18 $b+c+d=ak$, $c+d+a=bk$, $d+a+b=ck$, $a+b+c=dk$이므로

위 네 식의 좌변은 좌변끼리, 우변은 우변끼리 더하면

$3(a+b+c+d)=(a+b+c+d)k$

(i) $a+b+c+d\neq 0$이면 $k=3$

(ii) $a+b+c+d=0$이면 $a+b+c=-d$, $b+c+d=-a$, $c+d+a=-b$, $d+a+b=-c$이므로 $k=-1$

따라서 주어진 식을 만족하는 k의 값들의 합은

$3+(-1)=2$

특목고 / 경시대회 실전문제 [42~44쪽]

01 16	**02** 972	**03** 27
04 345	**05** 36	**06** 83
07 17개	**08** 102	**09** 46

---

01 $0.076<\dfrac{1}{A}<0.077$이므로 $\dfrac{76}{1000}<\dfrac{1}{A}<\dfrac{77}{1000}$에서

$\dfrac{1000}{77}<A<\dfrac{1000}{76}$이다.

$12.9\cdots<A<13.1\cdots$이므로 자연수 A의 값은 13이다.

즉 $\dfrac{1}{13}=0.\dot{0}7692\dot{3}$이고 순환마디의 숫자가 6개이다.

10^n을 A로 나눈 나머지를 r_n이라 하면

$r_1=10$, $r_2=9$, $r_3=12$, $r_4=3$, $r_5=4$, $r_6=1$, $r_7=10$, $\cdots$

따라서 r_n은 6개마다 반복되므로

10^{40}을 A로 나눈 나머지 $r=r_{40}=r_{6\times6+4}=r_4=3$

$\therefore A+r=13+3=16$

02 0과 18 사이의 기약분수 중에서 분모가 18이고 순환소수로만 나타낼 수 있는 분수를 x라 할 때 각각의 경우를 알아보면 다음과 같다.

(1) $0<x\le 1$ ➡ $\dfrac{1}{18}+\dfrac{5}{18}+\dfrac{7}{18}+\dfrac{11}{18}+\dfrac{13}{18}+\dfrac{17}{18}=3$

(2) $1<x\le 2$ ➡ $1\dfrac{1}{18}+1\dfrac{5}{18}+1\dfrac{7}{18}+1\dfrac{11}{18}+1\dfrac{13}{18}+1\dfrac{17}{18}$
$=1\times6+3$

(3) $2<x\le 3$ ➡ $2\dfrac{1}{18}+2\dfrac{5}{18}+2\dfrac{7}{18}+2\dfrac{11}{18}+2\dfrac{13}{18}+2\dfrac{17}{18}$
$=2\times6+3$
$\vdots$

(18) $17<x\le 18$ ➡ $17\dfrac{1}{18}+17\dfrac{5}{18}+17\dfrac{7}{18}+17\dfrac{11}{18}+17\dfrac{13}{18}$
$+17\dfrac{17}{18}=17\times6+3$

따라서 (1)~(18)까지의 총합은

$(1+2+3+\cdots+17)\times6+3\times18$

$=(1+17)\times17\times\dfrac{1}{2}\times6+3\times18$

$=153\times6+54=972$

03 $\dfrac{a}{b}=0.\dot{A}BCD\dot{E}$의 양변에 10을 곱하면

$\dfrac{10a}{b}=A.\dot{B}CDE\dot{A}=A+\dfrac{a-7}{b}$

$A=\dfrac{10a-(a-7)}{b}=\dfrac{9a+7}{b}$

$bA=9a+7$ $\therefore 9a=bA-7 \cdots$ ㉠

또 $\dfrac{a}{b}=0.\dot{A}BCD\dot{E}$의 양변에 100을 곱하면

$\dfrac{100a}{b}=AB.\dot{C}DEA\dot{B}=10A+B+\dfrac{a+5}{b}$

$\dfrac{99a-5}{b}=10A+B$

$=10\times\dfrac{9a+7}{b}+B=\dfrac{90a+70}{b}+B$

에서 $B=\dfrac{9a-75}{b}$ $\therefore 9a=b\times B+75 \cdots$ ㉡

㉠, ㉡에서 $b\times A-7=b\times B+75$, $b(A-B)=82$

$b(A-B)=82=1\times82=2\times41$

이때 b는 100 이하의 소수이므로 2 또는 41이고 $A-B$는 한 자리 정수의 뺄셈이므로 41이 될 수 없다.

$\therefore b=41$, $A-B=2$

$A-B=2$이므로 $(A, B)=(2, 0)$, $(3, 1)$, $(4, 2)$, $(5, 3)$, $(6, 4)$, $(7, 5)$, $(8, 6)$, $(9, 7)$

$9a=41\times B+75$에서 $9a$와 75가 3의 배수이므로 $41\times B$가 3의 배수가 되어야 하므로 B는 3, 6 중 하나이다.

$(A, B)=(5, 3)$, $(8, 6)$ 중 하나이므로 각각을 ㉠, ㉡의 식에 대입하여 보면

(i) $(A, B)=(5, 3)$인 경우
$9a=41\times5-7$, $9a=198$ $\therefore a=22$
$9a=41\times3+75$, $9a=198$ $\therefore a=22$

(ii) $(A, B)=(8, 6)$인 경우
$9a=41\times8-7$ $9a=321$ ⎫ 321은 9의 배수가 아니므로
$9a=41\times6+75$ $9a=321$ ⎭ 성립되지 않음

따라서 $\dfrac{a}{b}=\dfrac{22}{41}=0.\dot{5}3658\dot{5}$이므로

$A=5$, $B=3$, $C=6$, $D=5$, $E=8$

$\therefore A+B+C+D+E=5+3+6+5+8=27$

04 $10.5 \leq \dfrac{y}{x} < 11.5$, $6.5 \leq \dfrac{y}{x}-4 < 7.5$

$6.5 \leq \dfrac{y-4x}{x} < 7.5$

$y-4x=200$이므로

$6.5 \leq \dfrac{200}{x} < 7.5$

$26.66\cdots < x \leq 30.76\cdots$

x가 정수이므로 $x=27,\ 28,\ 29,\ 30$

$\therefore \begin{cases} x=27 \\ y=308 \end{cases}, \begin{cases} x=28 \\ y=312 \end{cases}, \begin{cases} x=29 \\ y=316 \end{cases}, \begin{cases} x=30 \\ y=320 \end{cases}$

$\dfrac{y}{x}$가 기약분수이므로, x, y는 서로소이다.

즉, $x=27$, $y=308$ 또는 $x=29$, $y=316$

따라서 $x+y$의 최댓값은 $29+316=345$

05 $4 \times 5^{n-1} \times (2^{n-2}+2^{n-1}) \times (3^n+3^{n+2})$

$=5^{n-1} \times (2^n+2^{n+1}) \times (3^n+3^{n+2})$

$=5^{n-1} \times 2^n(1+2) \times 3^n(1+9)$

$=5^{n-1} \times 2^n \times 3 \times 3^n \times 2 \times 5$

$=(2 \times 3) \times (2 \times 3 \times 5)^n = 6 \times 30^n$

따라서 $a=6$, $b=30$이므로 $a+b=6+30=36$

06 $\dfrac{512}{x} : 2^x = \dfrac{3^4}{4y} : 3^y$이므로 $\dfrac{512}{x} \times 3^y = 2^x \times \dfrac{3^4}{4y}$,

$\dfrac{2^9}{x} \times 3^y = 2^{x-2} \times \dfrac{3^4}{y}$

$\dfrac{3^y \times y}{3^4} = \dfrac{2^{x-2} \times x}{2^9}$ $\cdots$ ㉠

(i) ㉠식에서 $3^{y-4} \times y = 2^{x-11} \times x$

이때 x와 y는 서로소이므로 $x=3^{y-4}$, $y=2^{x-11}$

또한 $xy=24$이므로 $xy = 3^{y-4} \times 2^{x-11} = 2^3 \times 3$

따라서 $x-11=3$에서 $x=14$, $y-4=1$에서 $y=5$

$\therefore xy=14 \times 5 = 70$(조건에 맞지 않음)

(ii) ㉠식에서 $y \times 2^{11-x} = x \times 3^{4-y}$

이때 x와 y는 서로소이므로 $x=2^{11-x}$, $y=3^{4-y}$

또한 $xy=24$이므로 $xy = 2^{11-x} \times 3^{4-y} = 2^3 \times 3$

따라서 $11-x=3$에서 $x=8$, $4-y=1$에서 $y=3$

$\therefore xy=8 \times 3 = 24$

따라서 $x=8$, $y=3$이므로

$10x+y=10 \times 8 + 3 = 83$

07 조건을 모두 만족시키는 자연수 n은 $2^{10} \times 3^4$보다 작으면서 $2^p \times 3^q$($13 \leq p \leq 42$ 또는 $7 \leq q \leq 8$)의 꼴이다.

$3^4=81 < 2^7=128$이므로 $2^{10} \times 3^4 < 2^{10} \times 2^7 = 2^{17}$이다.

따라서 $13 \leq p \leq 16$인 경우

(1) $p=13$일 때 $2^{13} \times 3^q < 2^{10} \times 3^4$이므로 $8 \times 3^q < 81$이고
$q=0,\ 1,\ 2$이다.

(2) $p=14$일 때 $2^{14} \times 3^q < 2^{10} \times 3^4$이므로 $16 \times 3^q < 81$이고
$q=0,\ 1$이다.

(3) $p=15$일 때 $2^{15} \times 3^q < 2^{10} \times 3^4$이므로 $32 \times 3^q < 81$이고
$q=0$이다.

(4) $p=16$일 때 $2^{16} \times 3^q < 2^{10} \times 3^4$이므로 $64 \times 3^q < 81$이고
$q=0$이다.

$7 \leq q \leq 8$인 경우

(5) $q=7$일 때 $2^p \times 3^7 < 2^{10} \times 3^4$이므로 $27 < 2^{10-p}$이고
$p=0,\ 1,\ 2,\ 3,\ 4,\ 5$이다.

(6) $q=8$일 때 $2^p \times 3^8 < 2^{10} \times 3^4$이므로 $81 < 2^{10-p}$이고
$p=0,\ 1,\ 2,\ 3$이다.

따라서 구하는 자연수 n의 개수는
$3+2+1+1+6+4=17$(개)이다.

08 $2^4=16$을 5로 나눈 나머지는 1이므로 $2^4=16$의 거듭제곱인
$2^8,\ 2^{12},\ 2^{16},\ 2^{20},\ \cdots\ 2^{2016}$도 모두 5로 나눈 나머지는 1이다.

그러므로 적당한 자연수 p에 대하여 $2^{2016}=5p+1$로 나타낼
수 있다.

따라서 $2^{2025}=2^9 \times 2^{2016}=512 \times (5p+1)=512 \times 5p + 512$

이고 $\dfrac{512}{5}=102+\dfrac{2}{5}$이므로 $2^{2025} \div 5$의 정수 부분은

$512p+102$이다.

$\therefore r=102$

09 $2^{5x}+2^{6y}=2^{7z}$이므로 $2^{5x}(1+2^{6y-5x})=2^{7z}$ $\cdots$ ㉠

여기서 우변이 2^m의 꼴로 인수가 2밖에 없으므로 좌변도
$2^s \cdot 2^t = 2^{s+t}$의 꼴로 고칠 수 있어야 한다.

따라서 $1+2^{6y-5x}$는 2의 배수이고, 이를 만족하는 경우는
$2^{6y-5x}=1$인 경우 밖에 없다.

$\therefore 6y-5x=0$ $\cdots$ ㉡

따라서 ㉠의 식에서 $2^{5x} \cdot 2 = 2^{7z}$, $2^{5x+1}=2^{7z}$

$\therefore 5x+1=7z$

즉, $z=\dfrac{5x+1}{7}$ $\cdots$ ㉢

식을 만족하는 양의 정수 (x, z)를 구하면 $(4, 3)$, $(11, 8)$,
$(18, 13)$, $\cdots$이다.

이 중에서 y의 값도 양의 정수가 되어야 하므로 ㉡식에서 x의
값이 가장 작은 순서쌍은 $(18, 15, 13)$이다.

$\therefore a+b+c=18+15+13=46$

II. 일차부등식

1 일차부등식

핵심 문제 01 46쪽

1 (1) < (2) > (3) > (4) < **2** ②, ③

3 (1) $16<3x+7<22$ (2) $\frac{27}{5}<\frac{2}{x}+5<\frac{17}{3}$ **4** ④

1 (2), (3) 부등식의 양쪽에 같은 음수를 곱하거나 나누면 부등호의 방향이 바뀐다.

2 ② $a+2>b+2$이면 $a>b$

(반례) $a=2$, $b=-1$이면 $\frac{1}{a}=\frac{1}{2}>-1=\frac{1}{b}$

$\Rightarrow a+2>b+2$이면 $\frac{1}{a}<\frac{1}{b}$(항상 참이 아니다.)

③ $2(5-a)<-2b+10$이면 $10-2a<-2b+10$

$\therefore a>b$

이때 $b<a<0$이면 $a^2<ab$이다.

3 (1) $3<x<5$이므로 $9<3x<15$,

$9+7<3x+7<15+7$

$\therefore 16<3x+7<22$

(2) $3<x<5$이므로 $\frac{1}{5}<\frac{1}{x}<\frac{1}{3}$

$\frac{2}{5}<\frac{2}{x}<\frac{2}{3}$, $\frac{2}{5}+5<\frac{2}{x}+5<\frac{2}{3}+5$

$\therefore \frac{27}{5}<\frac{2}{x}+5<\frac{17}{3}$

4 일차방정식 $7y+1=4(y-2)$를 풀면 $y=-3$이므로 $a=-3$

x의 a배에 12를 더하면 9보다 크지 않다. $\Rightarrow ax+12\le9$

$-3x+12\le9$, $-3x\le-3$ $\therefore x\ge1$

응용 문제 01 47쪽

예제 1 4, 9, 25, 36, 9, 4, 16, 32, 4, 5, 5 / 5

1 ③ **2** $\frac{20}{3}$ **3** $-33\le5x-2y\le31$ **4** 15, 17

1 $-2<3-5x\le18$에서 $-5<-5x\le15$, $-3\le x<1$

$\therefore -6\le2x<2$

$7\le\frac{1-2y}{3}<15$에서 $21\le1-2y<45$, $20\le-2y<44$,

$-22<y\le-10$ $\therefore 30<-3y<66$

따라서 $24\le2x-3y<68$이므로 $29\le2x-3y+5<73$

$\therefore 29\le A<73$

2 $-3\le2x-7\le5$에서 $4\le2x\le12$ $\therefore 2\le x\le6$

따라서 $-30\le-5x\le-10$이므로 $-26\le4-5x\le-6$

$\therefore -\frac{26}{3}\le\frac{4-5x}{3}\le\frac{-6}{3}$

즉 $a=-\frac{26}{3}$, $b=-2$이므로 $b-a=\frac{20}{3}$

3 $-3\le x\le5$에서 $-15\le5x\le25$ … ㉠

$-1\le\frac{y}{3}\le3$에서 $-3\le y\le9$이므로

$-18\le-2y\le6$ … ㉡

따라서 ㉠과 ㉡에 의해 $-33\le5x-2y\le31$

4 $x+3y=27$에서 $x=27-3y$ … ㉠

㉠을 $\frac{1}{3}x<y$에 대입하면 $\frac{1}{3}(27-3y)<y$

$9-y<y$, $-2y<-9$ $\therefore y>\frac{9}{2}$ … ㉡

또, ㉠을 $x>y$에 대입하면 $27-3y>y$, $4y<27$

$\therefore y<\frac{27}{4}$ … ㉢

㉡, ㉢의 공통부분은 $\frac{9}{2}<y<\frac{27}{4}$이므로 정수 y는 5, 6이다.

이때 $y=5$이면 $x=12$, $y=6$이면 $x=9$

따라서 $x+y$의 값은 15, 17이다.

핵심 문제 02 48쪽

1 2 **2** $\frac{99}{7}$ **3** 11 **4** ⑤

1 $0.4x-0.3<\frac{3(x-1)}{4}$의 양변에 20을 곱하면

$8x-6<15(x-1)$

$-7x<-9$ $\therefore x>\frac{9}{7}$

따라서 주어진 부등식의 해 중 가장 작은 정수 x의 값은 2이다.

2 $4-\frac{3}{4}x\le3-\frac{2}{5}x$의 양변에 20을 곱하면

$80-15x\le60-8x$, $-7x\le-20$

$\therefore x\ge\frac{20}{7}$ … ㉠

$5x-3\ge a-x$에서 $6x\ge a+3$ $\therefore x\ge\frac{a+3}{6}$ … ㉡

㉠과 ㉡이 서로 같으므로

$\dfrac{20}{7}=\dfrac{a+3}{6}$, $120=7a+21$ $\quad \therefore a=\dfrac{99}{7}$

3 $0.3x-1.4\leq0.6x+0.7$의 양변에 10을 곱하면

$3x-14\leq6x+7$

$-3x\leq21$ $\quad \therefore x\geq-7$ $\cdots$ ㉠

$\dfrac{x-5}{3}-\dfrac{1-x}{2}<2$의 양변에 6을 곱하면

$2(x-5)-3(1-x)<12$

$2x-10-3+3x<12$

$5x<25$ $\quad \therefore x<5$ $\cdots$ ㉡

따라서 ㉠, ㉡을 모두 만족시키는 정수 x의 값 중 가장 큰 값은 4, 가장 작은 값은 -7이다.

$\therefore |a|+|b|=4+7=11$

4 $-2x+3<4x-1$, $-6x<-4$

$\therefore x>\dfrac{2}{3}$ $\cdots$ ㉠

$-3\leq x-1\leq3$에서 $-2\leq x\leq4$ $\cdots$ ㉡

㉠, ㉡을 모두 만족시키는 정수 x는 1, 2, 3, 4이다.

$\therefore 1+2+3+4=10$

응용 **문제 02** 49쪽

예제 ❷ 5, 9, $\neq$, 9, 9, 2, 392 / 392

1 4개 　　**2** $a>\dfrac{65}{12}$ 　**3** $14\leq x<22$ 　**4** -3

1 $\dfrac{2}{3}x+3.4\geq3.2x-8$의 양변에 15를 곱하면

$10x+51\geq48x-120$

$38x\leq171$

$\therefore x\leq\dfrac{9}{2}$

따라서 구하는 자연수는 1, 2, 3, 4로 4개이다.

2 $a-\dfrac{5}{4}=2a-\dfrac{4}{3}x$, $\dfrac{4}{3}x=a+\dfrac{5}{4}$ $\quad \therefore x=\dfrac{3}{4}a+\dfrac{15}{16}$

그런데 $x>5$이므로 $\dfrac{3}{4}a+\dfrac{15}{16}>5$

양변에 16을 곱하면 $12a+15>80$

$\therefore a>\dfrac{65}{12}$

3 $\left[\dfrac{x}{4}-1\right]$은 정수이므로 $\left[\dfrac{x}{4}-1\right]=3$ 또는 $\left[\dfrac{x}{4}-1\right]=4$

(i) $\left[\dfrac{x}{4}-1\right]=3$일 때

$2.5\leq\dfrac{x}{4}-1<3.5$, $3.5\leq\dfrac{x}{4}<4.5$ $\quad \therefore 14\leq x<18$

(ii) $\left[\dfrac{x}{4}-1\right]=4$일 때

$3.5\leq\dfrac{x}{4}-1<4.5$, $4.5\leq\dfrac{x}{4}<5.5$ $\quad \therefore 18\leq x<22$

따라서 (i), (ii)에서 $14\leq x<22$

4 $|x-2|\geq1$이면 $x-2\leq-1$ 또는 $x-2\geq1$

$\therefore x\leq1$ 또는 $x\geq3$ $\cdots$ ㉠

$0.03(7-x)>0.13(x+5)-0.12$의 양변에 100을 곱하면

$21-3x>13x+65-12$

$-16x>32$

$\therefore x<-2$ $\cdots$ ㉡

다음 그림에서 ㉠, ㉡을 모두 만족시키는 x의 값 중 가장 큰 값은 -3이다.

핵심 **문제 03** 50쪽

1 -2 　**2** 1 　**3** $0\leq a<1$ 　**4** $\dfrac{1}{3}\leq a<\dfrac{5}{3}$

1 $0.2(x+18)<\dfrac{1}{3}x-2a$의 양변에 15를 곱하면

$3(x+18)<5x-30a$

$3x+54<5x-30a$

$-2x<-30a-54$

$\therefore x>15a+27$

이 부등식의 해가 $x>-3$이므로 $15a+27=-3$

$15a=-30$ $\quad \therefore a=-2$

2 $0.3x-0.4<0.2(4x+3)$의 양변에 10을 곱하면

$3x-4<2(4x+3)$, $3x-4<8x+6$ $\quad \therefore x>-2$

$\dfrac{x}{2}-\dfrac{1}{5}>0.1x-a$의 양변에 10을 곱하면

$5x-2>x-10a$, $4x>-10a+2$ $\quad \therefore x>\dfrac{-5a+1}{2}$

두 부등식의 해가 같으므로 $-2=\dfrac{-5a+1}{2}$

$\therefore a=1$

3
$4(x-3)-2x<-3x-5a-2$

$4x-12-2x<-3x-5a-2$

$5x<-5a+10$ ∴ $x<-a+2$

이때 x의 값 중 자연수의 개수가 1개이어야 하므로

오른쪽 그림에서

$1<-a+2\leq2$, $-1<-a\leq0$

∴ $0\leq a<1$

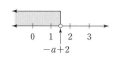

4
$(x-3)◎(2x+1)<-4◎a$

$2(x-3)-3(2x+1)+2<-8-3a+2$

$-4x<1-3a$ ∴ $x>\dfrac{3a-1}{4}$

이때 부등식을 만족시키는 x의 값 중 가장 작은 정수가 1이므로 $0\leq\dfrac{3a-1}{4}<1$, $0\leq3a-1<4$, $1\leq3a<5$

∴ $\dfrac{1}{3}\leq a<\dfrac{5}{3}$

3
$ax+3>bx-1$에서 $(a-b)x>-4$

① $a-b>0$이면 $x>-\dfrac{4}{a-b}$

② $a<b$이면 $a-b<0$이므로 $x<-\dfrac{4}{a-b}$

③ $a=b$이면 $0\times x>-4$ ➡ x는 모든 수

④ $a=0$, $b>0$일 때, $-bx>-4$, $b<\dfrac{4}{b}(∵-b<0)$

⑤ $a=0$, $b<0$일 때, $-bx>-4$, $b>\dfrac{4}{b}(∵-b>0)$

4
$3(6x-7)\leq a$, $18x-21\leq a$ ∴ $x\leq\dfrac{21+a}{18}$

이때 x의 값 중 자연수의 개수가
3개 이상이어야 하므로
오른쪽 그림에서 x의 값의 범위는
3 이상이어야 한다.

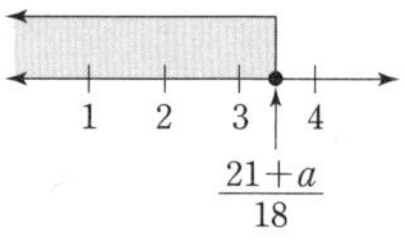

$\dfrac{21+a}{18}\geq3$, $21+a\geq54$ ∴ $a\geq33$

응용문제 03   51쪽

예제 ③ $<$, $>$, 3, $<$, $<$, $<$, $>$ / $x>-8$

1 $-6\leq a<-3$ **2** $-5\leq a<-3$ **3** ③ **4** 33

1 $2x-a<\dfrac{7x-3a}{2}$의 양변에 2를 곱하면

$4x-2a<7x-3a$ ∴ $x>\dfrac{a}{3}$

오른쪽 그림에서

$-2\leq\dfrac{a}{3}<-1$

∴ $-6\leq a<-3$

2 $x-\dfrac{5}{4}<\dfrac{1}{2}(x+3)-0.25a$의 양변에 4를 곱하면

$4x-5<2x+6-a$에서 $2x<11-a$

∴ $x<\dfrac{11-a}{2}$

해 중 가장 큰 자연수가 7이므로
오른쪽 그림에서

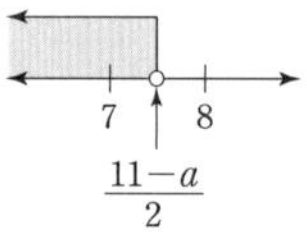

$7<\dfrac{11-a}{2}\leq8$

$14<11-a\leq16$, $3<-a\leq5$

∴ $-5\leq a<-3$

핵심문제 04   52쪽

1 5개 **2** $0\leq x\leq9$ **3** 5 km 이상 **4** 9송이 이상

1 배를 x개 산다고 하면 사과는 $(20-x)$개 사는 것이므로

$2500x+1500(20-x)\leq35000$

$1000x\leq5000$ ∴ $x\leq5$

따라서 배는 최대 5개까지 살 수 있다.

2 △AQP

$=18\times18-\left\{\dfrac{1}{2}\times18x+\dfrac{1}{2}\times18\times6+\dfrac{1}{2}(18-x)\times12\right\}$

$=162-3x$

$162-3x\geq\dfrac{5}{12}\times18\times18$ ∴ $x\leq9$

따라서 x는 $\overline{BQ}$의 길이이므로 $0\leq x\leq9$

3 시속 4 km로 걸어야 할 거리를 x km라 하면 시속 3 km로 걸어야 하는 거리는 $(8-x)$ km이다.

$\dfrac{8-x}{3}+\dfrac{x}{4}\leq\dfrac{9}{4}$, $4(8-x)+3x\leq27$

∴ $x\geq5$

따라서 시속 4 km로 걸어야 할 거리는 5 km 이상이다.

4 사야 하는 장미를 x송이라 하면
(꽃 가게에서 사는 경우의 비용)$=4000x$(원)

(도매시장에서 사는 경우의 비용)=(꽃값)+(교통비)
$$=3700x+2400(원)$$
도매시장에서 사는 것이 더 유리해야 하므로
$$3700x+2400<4000x$$
$$300x>2400$$
$$\therefore x>8 \text{ 즉, } 9\text{송이 이상}$$

응용 문제 04
53쪽

예제 4 4000, 100, 100 / 100권 이상
1 25명　**2** 15 g　**3** 55000원　**4** 72점 이상 73점 이하

1 입장객의 수가 x명일 때,
일반 요금은 $3500x$원,
30명의 단체 요금은 $3500(1-0.2)\times30=84000(원)$
단체 요금을 주고 입장하는 것이 유리한 경우는
$$3500x>84000$$
$$\therefore x>24$$
따라서 25명 이상이 입장할 때 30명의 단체 요금을 내고 입장하는 것이 유리하다.

2 농도가 5 %인 소금물 500 g에 들어 있는 소금의 양은
$$500\times\frac{5}{100}=25(g)$$
더 넣은 소금의 양을 x g이라 하면
$$\frac{25+x}{500+x-x}\times100\geq8$$
$$25+x\geq40 \qquad \therefore x\geq15$$
따라서 더 넣은 소금의 양은 15 g 이상이다.

3 정가를 x원이라 하면
$$x(1-0.3)\geq35000(1+0.1)$$
$$7x\geq385000$$
$$\therefore x\geq55000$$
따라서 할인 전 정가는 55000원 이상으로 정하면 된다.

4 지난 달 수학 점수의 평균을 x점이라 하면
지난 달 수학 점수의 총점은 $32x$점이므로
이번 달 수학 점수의 총점은
$$32x+8\times10-4\times4=32x+64(점)$$
$$74\leq\frac{32x+64}{32}\leq75 \text{에서 } 72\leq x\leq73$$

심화 문제
54~59쪽

01 $a>\dfrac{2}{3}$이면 $x\leq\dfrac{5}{3a-2}$, $a<\dfrac{2}{3}$이면 $x\geq\dfrac{5}{3a-2}$

02 $-\dfrac{97}{10}$　**03** $x<\dfrac{1}{24}$　**04** $\dfrac{29}{54}$　**05** $-\dfrac{25}{4}$

06 $20\leq a<26$　**07** $x>\dfrac{1}{13}$　**08** $x<-\dfrac{3}{2}$

09 $x<0$　**10** $\dfrac{13}{37}$　**11** $\dfrac{1}{4}$ km　**12** 10대

13 $\dfrac{9}{44}$　**14** 40초　**15** 4개　**16** 10 g 이상 40 g 이하

17 36세　**18** 200 g 이상 400 g 이하

01 $(8a-1)x-2\leq(5a+1)x+3$
$$(8a-1)x-(5a+1)x\leq5$$
$$(3a-2)x\leq5$$
$$\therefore 3a-2>0\text{이면 } x\leq\frac{5}{3a-2},\ 3a-2<0\text{이면 } x\geq\frac{5}{3a-2}$$

02 $\dfrac{2x+a}{3}\geq\dfrac{2x+4}{5}-\left(2x-\dfrac{1}{2}\right)$
$$10(2x+a)\geq6(2x+4)-30\left(2x-\frac{1}{2}\right)$$
$$20x+10a\geq12x+24-60x+15$$
$$68x\geq39-10a \qquad \therefore x\geq\frac{39-10a}{68}$$
그런데 해가 $x\geq2$이므로 $\dfrac{39-10a}{68}=2$, $39-10a=136$
$$-10a=97 \qquad \therefore a=-\frac{97}{10}$$

03 $\dfrac{1}{3}<\dfrac{3x-a}{2}<\dfrac{1}{2}$, $2<3(3x-a)<3$, $2<9x-3a<3$
$$2+3a<9x<3+3a,\ \frac{2+3a}{9}<x<\frac{3+3a}{9}$$
$$\frac{2+3a}{9}=0\text{에서 } a=-\frac{2}{3},\ \frac{3+3a}{9}=2b\text{에서 } b=\frac{1}{18}$$
따라서 $2ax+b>0$의 해를 구하면 $-\dfrac{4}{3}x+\dfrac{1}{18}>0$
$$\therefore x<\frac{1}{24}$$

04 $-\dfrac{2}{3}x+3a\geq\dfrac{5}{2}$, $-4x+18a\geq15$, $-4x\geq15-18a$
$$\therefore x\leq-\frac{15-18a}{4}$$
그런데 x의 최댓값이 $-\dfrac{4}{3}$이므로 $-\dfrac{15-18a}{4}=-\dfrac{4}{3}$
$$3(15-18a)=16,\ 45-54a=16$$

$-54a=-29 \qquad \therefore a=\dfrac{29}{54}$

05 $ax+2a-4b>0$에서 $ax>-2a+4b \cdots \bigcirc$

이 부등식의 해가 $x<4$이므로 $a<0$이고, $x<\dfrac{-2a+4b}{a}$

따라서 $\dfrac{-2a+4b}{a}=4$에서 $a=\dfrac{2}{3}b$

$a=\dfrac{2}{3}b$를 $a-2b=5$에 대입하면 $\dfrac{2}{3}b-2b=5$

$\therefore b=-\dfrac{15}{4}$

$b=-\dfrac{15}{4}$를 $a=\dfrac{2}{3}b$에 대입하면 $a=-\dfrac{5}{2}$

$\therefore a+b=\left(-\dfrac{5}{2}\right)+\left(-\dfrac{15}{4}\right)=-\dfrac{25}{4}$

06 $2(3x-5)\le a$에서 $x\le\dfrac{a+10}{6}$

이를 만족하는 자연수 x의
개수가 5개이므로
오른쪽 그림에서

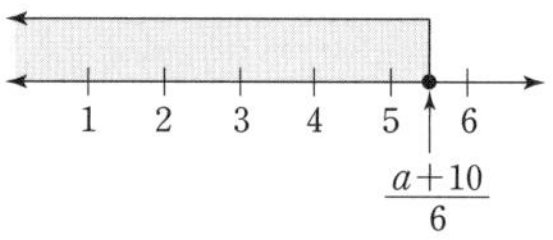

$5\le\dfrac{a+10}{6}<6,\ 30\le a+10<36$

$\therefore 20\le a<26$

07 $2(a+b)x-3a+2b<0,\ 2(a+b)x<3a-2b$에서

$x<\dfrac{1}{2}$이므로 $a+b>0$이고,

$x<\dfrac{3a-2b}{2(a+b)}$에서 $\dfrac{3a-2b}{2(a+b)}=\dfrac{1}{2}$

$3a-2b=a+b \qquad \therefore a=\dfrac{3}{2}b$

$(3a+2b)x-a+b>0$에 $a=\dfrac{3}{2}b$를 대입하면 $\dfrac{13}{2}bx>\dfrac{1}{2}b$

그런데 $a+b>0,\ a=\dfrac{3}{2}b$이므로 $a>0,\ b>0$ $\qquad \therefore x>\dfrac{1}{13}$

08 $(3a-2b)x<2a-4b$의 해가 $x>\dfrac{3}{2}$이므로

$3a-2b<0$이어야 한다.

따라서 $x>\dfrac{2a-4b}{3a-2b}$이므로 $\dfrac{2a-4b}{3a-2b}=\dfrac{3}{2}$

$2(2a-4b)=3(3a-2b),\ 4a-8b=9a-6b$

$\therefore 5a=-2b$

$5a=-2b$를 $(a-2b)x+4a-2b>0$에 대입하면

$6ax+9a>0,\ 6ax>-9a$

그런데 $3a-2b<0$이고, $5a=-2b$이므로 $a<0$

$\therefore x<-\dfrac{3}{2}$

09 $4x-1<2x+2\le5x+5$를 풀면 $-1\le x<\dfrac{3}{2}$이므로

$x=-1,\ 0,\ 1 \qquad \therefore a=3$

$-3x<4x-\dfrac{1}{2}\le\dfrac{5}{2}$를 풀면 $\dfrac{1}{14}<x\le\dfrac{3}{4}$이므로 만족시키는

정수 x는 없다. $\qquad \therefore b=0$

$(b-a)x>0$에서 $(0-3)x>0,\ -3x>0 \qquad \therefore x<0$

10 구하려는 기약분수를 $\dfrac{b}{a}$라 하면 $a+b=50$이고

$0.35\le\dfrac{b}{a}<0.45$에서 $0.35a\le b<0.45a$에서

$a=50-b$를 대입하면 $0.35(50-b)\le b<0.45(50-b)$

$17.5-0.35b\le b<22.5-0.45b$

$17.5-0.35b\le b$에서 $b\ge\dfrac{350}{27}$

$b<22.5-0.45b$에서 $b<\dfrac{450}{29}$

$\therefore \dfrac{350}{27}\le b<\dfrac{450}{29}$

그런데 b는 정수이므로 $(a,\ b)=(37,\ 13),\ (36,\ 14),$

$(35,\ 15)$이고, $a,\ b$는 서로소이므로

$a=37,\ b=13 \qquad \therefore \dfrac{b}{a}=\dfrac{13}{37}$

11 역에서 상점까지의 거리를 x km라 하면

$\dfrac{1}{3}\ge\dfrac{1}{6}+\left(\dfrac{x}{3}\times2\right),\ 2\ge1+4x,\ 4x\le1 \qquad \therefore x\le\dfrac{1}{4}$

따라서 역에서 $\dfrac{1}{4}$ km 이내에 있는 상점까지 이용할 수 있다.

12 x대의 A 회사 기계가 하루에 한 일의 양은 $\dfrac{1}{20}x$이고 전체의

일의 양은 1이므로 하루에 끝낸다는 것은 전체 일한 양이 1
이상이면 된다.

$\dfrac{1}{20}x+\dfrac{1}{28}(24-x)\ge1,\ \dfrac{1}{20}x+\dfrac{6}{7}-\dfrac{1}{28}x\ge1,$

$\dfrac{1}{70}x\ge\dfrac{1}{7} \qquad \therefore x\ge10$

따라서 A 회사 기계는 최소 10대가 필요하다.

13 구하는 기약분수를 $\dfrac{b}{a}$ ($a>0,\ b>0,\ a,\ b$는 서로소)라 하면

$\dfrac{b}{a+4}=\dfrac{3}{16}$에서 $16b=3a+12 \qquad \therefore b=\dfrac{3a+12}{16} \cdots \bigcirc$

$\dfrac{b+3}{a}>\dfrac{1}{4}$에서 $a<4b+12 \cdots \bigcirc$

$\bigcirc$을 $\bigcirc$에 대입하면 $a<4\times\dfrac{3a+12}{16}+12,$

$4a<3a+12+48 \qquad \therefore a<60 \cdots \bigcirc$

$\bigcirc$에서 $16b=3(a+4)$이므로 $a+4$는 16의 배수이다.

따라서 ⓒ에서 $a+4$는 16×1 또는 16×2 또는 16×3이므로

$(a, b)=(12, 3), (28, 6), (44, 9)$

그런데 a, b는 서로소이므로 $\dfrac{b}{a}=\dfrac{9}{44}$

14 x초 후에 물통 A의 물의 양이 물통 B의 물의 양의 2배 이하
가 된다고 하면 1초에 0.2 L의 물이 들어가므로

$24+0.2x\le(8+0.2x)\times2$, $24+0.2x\le16+0.4x$,

$240+2x\le160+4x$, $-2x\le-80$

$\therefore x\ge40$

15 이등변삼각형의 세 변의 길이를 x, x, y라 하면

$0<y<x+x$

세 변의 길이의 합은 20이므로 $2x+y=20$

(i) $y=20-2x>0$에서 $x<10$

(ii) $2x=20-y>y$에서 $y<10$

(iii) $y=20-2x=2(10-x)$에서 y는 짝수

(i)~(iii)에 의하여 $(x, y)=(9, 2), (8, 4), (7, 6), (6, 8)$

따라서 조건을 만족시키는 이등변삼각형은 모두 4개이다.

16 식품 A의 무게를 x g이라 하면 식품 B의 무게는 $(300-x)$ g
이다.

열량이 400 cal 이상이므로 $\dfrac{230}{100}x+\dfrac{130}{100}(300-x)\ge400$

에서 $x\ge10$

단백질이 25 g 이상이므로 $\dfrac{4}{100}x+\dfrac{9}{100}(300-x)\ge25$

에서 $x\le40$

$\therefore 10\le x\le40$

17 $a+b+c+d=138$ ⋯ ㉠, $a+b+c=100$ ⋯ ㉡,

$b+c+d=111$ ⋯ ㉢

㉠, ㉡, ㉢에서 $d=38$, $a=27$, $b+c=73$

$b<c$이므로 $b+c=73<c+c$에서 $36.5<c$

그런데 $c<38$이므로 $c=37$, $b=73-37=36$

18 11 %의 소금물을 x g을 섞었다고 하면

$\dfrac{7}{100}(400+x)\le\dfrac{5}{100}\times400+\dfrac{11}{100}x\le\dfrac{8}{100}(400+x)$

$\dfrac{7}{100}(400+x)\le\dfrac{5}{100}\times400+\dfrac{11}{100}x$에서

$2800+7x\le2000+11x$ $\therefore x\ge200$

$\dfrac{5}{100}\times400+\dfrac{11}{100}x\le\dfrac{8}{100}(400+x)$에서

$2000+11x\le3200+8x$ $\therefore x\le400$

$\therefore 200\le x\le400$

01 $a\ge-\dfrac{1}{17}$	**02** $x<\dfrac{1}{3}$	**03** 7개	**04** $\dfrac{1}{4}\le a<\dfrac{1}{2}$
05 해가 없다.	**06** $5\le x<13$	**07** $\dfrac{3}{2}<\dfrac{a}{b}<\dfrac{19}{5}$	
08 5, 6	**09** $a=\dfrac{101}{19}$, $b=-\dfrac{26}{19}$		**10** 60개
11 1개	**12** 277명	**13** 42명	**14** $\dfrac{95}{6}$
15 20명	**16** 25	**17** 15개	**18** 6명

01 주어진 부등식의 양변에 6을 곱하면

$3ax+18a-2x+2ax<6ax-3$

$(a+2)x>18a+3$

(i) $a+2>0$일 때, $x>\dfrac{18a+3}{a+2}$

$1\le\dfrac{18a+3}{a+2}$에서 $a\ge-\dfrac{1}{17}$

(ii) $a+2<0$일 때, $x<\dfrac{18a+3}{a+2}$

$\dfrac{18a+3}{a+2}\le1$에서 $a\ge-\dfrac{1}{17}$

$a+2<0$이어야 하는데 모순

02 $(a+2b)x+3a-b<0$의 해가 $x>-\dfrac{1}{5}$이므로

$(a+2b)x<-3a+b$에서 $a+2b<0$이어야 하고,

$x>\dfrac{-3a+b}{a+2b}$에서 $\dfrac{-3a+b}{a+2b}=-\dfrac{1}{5}$

$-15a+5b=-a-2b$

$\therefore b=2a$

$(a+b)x+(a-b)>0$에 $b=2a$를 대입하면

$3ax-a>0$, $3ax>a$

그런데 $a+2b<0$이고, $b=2a$이므로 $a<0$, $b<0$

$\therefore x<\dfrac{1}{3}$

03 $(2a+b)+(2a-b)=4a$이므로

$-4\le4a\le4$ $\therefore -1\le a\le1$

(i) $a=-1$일 때 $-4\le-2+b\le0$에서 $-2\le b\le2$

$0\le-2-b\le4$에서 $-6\le b\le-2$

따라서 두 부등식을 동시에 만족시키는 b의 값은 -2뿐
이다.

(ii) $a=0$일 때 두 부등식은 $-4\le b\le0$으로 일치한다.

따라서 b의 값이 될 수 있는 정수는 -4, -3, -2, -1,
0이다.

(iii) $a=1$일 때 $-6 \leq b \leq -2$, $-2 \leq b \leq 2$에서 두 부등식을 동시에 만족시키는 b의 값은 -2뿐이다.

따라서 (i), (ii), (iii)에 의하여 두 부등식을 동시에 만족시키는 순서쌍 (a, b)는 $(-1, -2)$, $(0, -4)$, $(0, -3)$, $(0, -2)$, $(0, -1)$, $(0, 0)$, $(1, -2)$로 7개이다.

04 $x+2a<3-\dfrac{5-x}{2}$에서 $2x+4a<6-(5-x)$

$\therefore x<1-4a$

$3-\dfrac{5-x}{2} \leq \dfrac{3x+5}{4}$에서 $12-2(5-x) \leq 3x+5$

$\therefore x \geq -3$

$\therefore -3 \leq x < 1-4a$

그런데 x의 정수값이 3개이므로 $-1<1-4a \leq 0$,

$-2<-4a \leq -1$ $\quad \therefore \dfrac{1}{4} \leq a < \dfrac{1}{2}$

05 $0<\dfrac{2}{3}a+1<2$에서 $-\dfrac{3}{2}<a<\dfrac{3}{2}$

그런데 a는 자연수이므로 $a=1$을 부등식에 대입하면

$1+2x+1 \leq \dfrac{3}{2}(x+1)<3x-1$

$1+2x+1 \leq \dfrac{3}{2}(x+1)$에서 $x \leq -1$ $\cdots$ ㉠

$\dfrac{3}{2}(x+1)<3x-1$에서 $x>\dfrac{5}{3}$ $\cdots$ ㉡

따라서 ㉠, ㉡을 모두 만족시키는 x의 값이 없다.
즉, 해가 없다.

06 $[]$는 정수를 나타내므로 $\left[\dfrac{x+2}{2}\right]$는 4 또는 5 또는 6 또는 7이다.

$\left[\dfrac{x+2}{2}\right]=4$일 때, $3.5 \leq \dfrac{x+2}{2}<4.5$, $7 \leq x+2<9$

$\therefore 5 \leq x<7$ $\cdots$ ㉠

$\left[\dfrac{x+2}{2}\right]=5$일 때, $4.5 \leq \dfrac{x+2}{2}<5.5$, $9 \leq x+2<11$

$\therefore 7 \leq x<9$ $\cdots$ ㉡

$\left[\dfrac{x+2}{2}\right]=6$일 때, $5.5 \leq \dfrac{x+2}{2}<6.5$, $11 \leq x+2<13$

$\therefore 9 \leq x<11$ $\cdots$ ㉢

$\left[\dfrac{x+2}{2}\right]=7$일 때, $6.5 \leq \dfrac{x+2}{2}<7.5$, $13 \leq x+2<15$

$\therefore 11 \leq x<13$ $\cdots$ ㉣

따라서 ㉠, ㉡, ㉢, ㉣에 의하여 $5 \leq x<13$

07 $c<a<38$ $\cdots$ ㉠, $d<b<24$ $\cdots$ ㉡에서

㉠$-$㉡을 하면 $c-24<a-b<38-d$

따라서 $c-24=12$, $38-d=28$이므로 $c=36$, $d=10$

$36<a<38$, $10<b<24$이므로 $\dfrac{36}{24}<\dfrac{a}{b}<\dfrac{38}{10}$

$\therefore \dfrac{3}{2}<\dfrac{a}{b}<\dfrac{19}{5}$

08 $\dfrac{5}{3}(x-1)$을 반올림한 것이 $2+x$와 같으므로

$1.5+x \leq \dfrac{5}{3}(x-1)<2.5+x$

$1.5+x \leq \dfrac{5}{3}(x-1)$에서 $x \geq \dfrac{19}{4}$

$\dfrac{5}{3}(x-1)<2.5+x$에서 $x<\dfrac{25}{4}$

따라서 $\dfrac{19}{4} \leq x<\dfrac{25}{4}$이므로 $x=5$ 또는 $x=6$

09 (i) $a+3b>0$일 때, $\dfrac{3a+4b-2}{a+3b}<x<\dfrac{a-b+3}{a+3b}$이므로

$\dfrac{3a+4b-2}{a+3b}=7$, $\dfrac{a-b+3}{a+3b}=8$

$\therefore a=\dfrac{101}{19}$, $b=-\dfrac{26}{19}$

(ii) $a+3b<0$일 때, $\dfrac{a-b+3}{a+3b}<x<\dfrac{3a+4b-2}{a+3b}$이므로

$\dfrac{a-b+3}{a+3b}=7$, $\dfrac{3a+4b-2}{a+3b}=8$

$\therefore a=\dfrac{52}{5}$, $b=-\dfrac{27}{10}$

그런데 $a+3b=\dfrac{52}{5}+3 \times \left(-\dfrac{27}{10}\right)>0$이므로 성립하지 않는다.

10 석기, 한별, 상연이가 가진 구슬의 수를 각각 a개, b개, c개라 하면

$a=3b$, $a=4c$, $a+b+c \leq 100$

$b=\dfrac{1}{3}a$, $c=\dfrac{1}{4}a$를 부등식 $a+b+c \leq 100$에 대입하면

$a+\dfrac{1}{3}a+\dfrac{1}{4}a \leq 100$, $\dfrac{19}{12}a \leq 100$ $\quad \therefore a \leq 63.1 \cdots$

a는 63 이하이고, 3과 4의 공배수이므로

a의 최댓값은 60이다.

따라서 석기가 가질 수 있는 최대의 구슬의 수는 60개이다.

11 창구 수를 x개라 하고, 한 개의 창구에서 1분 동안 처리할 수 있는 사람 수를 a명이라 하면

$200+15 \times 40=a \times 40$ $\quad \therefore a=20$

창구 수가 x개이므로 10분 동안 처리할 수 있는 사람 수는

$10 \times 20 \times x=200x$(명)

이미 줄 서 있고 10분 동안 늘어난 사람의 총 수는

$200+10 \times 15=350$(명)

10분 이내에 줄 서 있는 사람이 없으려면 $200x \geq 350$

$\therefore x \geq 1.75$

따라서 창구 수는 2개가 필요하므로 1개만 더 설치하면 된다.

12 의자의 개수를 x개라 하면 학생 수는 $(5x+12)$명이므로

$6(x-7) < 5x+12 \leq 6(x-6)$

$6(x-7) < 5x+12$에서 $x < 54$

$5x+12 \leq 6(x-6)$에서 $x \geq 48$

$\therefore 48 \leq x < 54$

그런데 x는 소수이므로 $x=53$

따라서 학생 수는 $5x+12 = 5 \times 53 + 12 = 277$(명)

13 회원을 x명, 걷어야 할 총액을 y원이라 하면

$y = 5000x - 9500 \cdots \bigcirc$, $0 < y - 4500x < 2000 \cdots \bigcirc\!\!\bigcirc$

$\bigcirc$을 $\bigcirc\!\!\bigcirc$에 대입하면 $0 < 5000x - 9500 - 4500x < 2000$

$0 < 500x - 9500 < 2000$, $9500 < 500x < 11500$

$\therefore 19 < x < 23$

따라서 최대 인원은 22명, 최소 인원은 20명이므로 그 합은 42명이다.

14 $250 \times \dfrac{a}{100} + 300 \times \dfrac{b}{100} = 550 \times \dfrac{8}{100}$에서 $25a + 30b = 440$

$\therefore b = \dfrac{440 - 25a}{30} \cdots \bigcirc$

$a < b < 1.5a \cdots \bigcirc\!\!\bigcirc$

$\bigcirc$을 $\bigcirc\!\!\bigcirc$에 대입하면 $a < \dfrac{440 - 25a}{30} < 1.5a$

$30a < 440 - 25a < 45a$

$30a < 440 - 25a$에서 $a < 8$

$440 - 25a < 45a$에서 $a > \dfrac{44}{7}$

$\therefore \dfrac{44}{7} < a < 8$

그런데 a는 정수이므로 $a = 7$

$b = \dfrac{440 - 25a}{30} = \dfrac{440 - 25 \times 7}{30} = \dfrac{53}{6}$

$\therefore a + b = \dfrac{95}{6}$

15 전체 합창단 학생 수를 x명이라 하면 $\dfrac{x+17}{3} > 12$에서

$x > 19$

$12 - \dfrac{2(x+3)}{5} > \dfrac{1}{8}x$에서 $480 - 16(x+3) > 5x$

$-21x > -432$ $\therefore x < \dfrac{432}{21}$

따라서 $19 < x < \dfrac{432}{21}$이므로 합창단 학생 수는 20명이다.

16 학생 수를 x명이라 하면 귤의 개수는 $(5x+6)$개이므로

$6(x-3) < 5x+6 \leq 6(x-2)$

$6(x-3) < 5x+6$에서 $x < 24$

$5x+6 \leq 6(x-2)$에서 $x \geq 18$

따라서 $18 \leq x < 24$이므로 $x = 18$, 19, 20, 21, 22, 23

$\therefore a = 5 \times 18 + 6 = 96$, $b = 5 \times 23 + 6 = 121$

$\therefore b - a = 121 - 96 = 25$

17 컵이 100개 들어 있는 상자를 x개, 참가자를 y명이라 하면

$1400 < y < 1800 \cdots \bigcirc$

$100x < y \cdots \bigcirc\!\!\bigcirc$

$\left(100x + \dfrac{80}{5}x\right) - y > y - 100x \cdots \bigcirc\!\!\bigcirc\!\!\bigcirc$

$\bigcirc\!\!\bigcirc$, $\bigcirc\!\!\bigcirc\!\!\bigcirc$에서 $100x < y < 108x \cdots \bigcirc\!\!\bigcirc\!\!\bigcirc\!\!\bigcirc$

$\bigcirc$, $\bigcirc\!\!\bigcirc\!\!\bigcirc\!\!\bigcirc$에서 $14 < x < \dfrac{50}{3}$

따라서 100개 들이 상자의 개수는 5의 배수이므로 $x = 15$

18 작년의 남자 사원 수를 $3x$명이라 하면 작년의 여자 사원 수는

$2x$명이므로 $3x + 2x < 50$ $\therefore x < 10 \cdots \bigcirc$

올해 채용한 남녀 사원 수를 각각 y명이라 하면

$(3x+y) : (2x+y) = 10 : 7$ $\therefore x = 3y \cdots \bigcirc\!\!\bigcirc$

$(3x+y) + (2x+y) > 50 \cdots \bigcirc\!\!\bigcirc\!\!\bigcirc$

$\bigcirc\!\!\bigcirc$을 $\bigcirc\!\!\bigcirc\!\!\bigcirc$에 대입하면 $(3 \times 3y + y) + (2 \times 3y + y) > 50$

$\therefore y > \dfrac{50}{17}$

$\bigcirc\!\!\bigcirc$을 $\bigcirc$에 대입하면 $3y < 10$ $\therefore y < \dfrac{10}{3}$

$\therefore \dfrac{50}{17} < y < \dfrac{10}{3}$

y는 자연수이므로 $y = 3$이고, 올해 남녀 채용 인원을 합하면 6명이다.

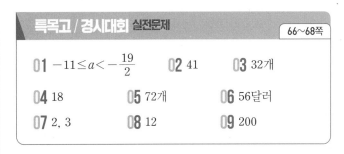

특목고 / 경시대회 실전문제 66~68쪽

01 $-11 \leq a < -\dfrac{19}{2}$	**02** 41	**03** 32개
04 18	**05** 72개	**06** 56달러
07 2, 3	**08** 12	**09** 200

01 $2x + a < 2 - \dfrac{2-x}{2}$에서 $4x + 2a < 4 - (2-x)$

$\therefore x < \dfrac{2-2a}{3}$

$2-\dfrac{2-x}{2}<\dfrac{3x-1}{3}$에서 $12-3(2-x)<2(3x-1)$

$\therefore x>\dfrac{8}{3}$

$\therefore \dfrac{8}{3}<x<\dfrac{2-2a}{3}$

그런데 x를 만족하는 정수가 5개이므로 $7<\dfrac{2-2a}{3}\le8$

$21<2-2a\le24$, $19<-2a\le22$

$\therefore -11\le a<-\dfrac{19}{2}$

02 $p<q<r$ ··· ㉠, $p+r=25$ ··· ㉡, $3p-q+r=25$ ··· ㉢

㉡과 ㉢에서 $p+r=3p-q+r$ $\therefore q=2p$

㉡에서 $r=25-p$

㉠에서 $p<2p<25-p$

$\therefore 0<p<\dfrac{25}{3}$

가장 큰 정수 p는 8이고, 이때 $q=16$, $r=17$

$\therefore p+q+r=41$

03 주어진 부등식을 정리하면

$a^2-a+b^2-b+c^2-c\le2$,

$a(a-1)+b(b-1)+c(c-1)\le2$

이때 연속한 두 정수의 곱은 항상 음이 아니므로

$0\le a(a-1)\le2$이다. $\therefore -1\le a\le2$

같은 방법으로 $-1\le b\le2$, $-1\le c\le2$이다.

(i) $a=-1$ 또는 $a=2$인 경우

　$b(b-1)=0$, $c(c-1)=0$에서 b와 c는 0 또는 1이다.

　따라서 순서쌍 $(a,\ b,\ c)$의 개수는 $2\times2\times2=8$(개)이다.

(ii) $a=0$ 또는 $a=1$인 경우 $b(b-1)+c(c-1)\le2$이다.

　① $b=0$ 또는 $b=1$인 경우

　　가능한 c는 $c=-1$, 0, 1, 2의 4개이다.

　② $b=-1$ 또는 $b=2$인 경우

　　가능한 c는 $c=0$, 1의 2개이다.

　　따라서 순서쌍 $(a,\ b,\ c)$의 개수는

　　$2\times(2\times4+2\times2)=24$(개)이다.

그러므로 (i)과 (ii)에서 구하는 순서쌍의 개수는

$8+24=32$(개)이다.

04 $|4x-9|\le15$에서 $-15\le4x-9\le15$

$-6\le4x\le24$ $\therefore -\dfrac{3}{2}\le x\le6$

$-\dfrac{3}{2}\le x\le6$에서 $-\dfrac{1}{2}\le\dfrac{x}{3}\le2$이고 $\dfrac{9}{2}\le\dfrac{x}{3}+5\le7$이다.

따라서 $\left\langle\dfrac{x}{3}+5\right\rangle$의 값이 될 수 있는 수는 5, 6, 7이므로

그 합은 18이다.

05 다혜가 동생에게 나누어 주고 남은 검은공과 하얀공의 개수를 각각 $7x$, $4x$라 하고 동생에게 준 검은공과 하얀공의 개수를 각각 y라 하면,

$\begin{cases}11x+2y<280 & \cdots ㉠\\ 2y\ge70 & \cdots ㉡\\ (7x+y):(4x+y)=3:2 & \cdots ㉢\end{cases}$

㉢을 풀면 $y=2x$

$y=2x$를 ㉠에 대입하면, $15x<280$ $\therefore x<18.6\cdots$

$y=2x$를 ㉡에 대입하면, $4x\ge70$ $\therefore x\ge17.5$

따라서 $x=18$, $y=36$이므로 다혜가 현재 가지고 있는 하얀공의 개수는 $4x=4\times18=72$(개)이다.

06 인형의 개수를 x개라 하면 열쇠고리의 개수는 $(24-x)$개이므로 $x<24-x$에서 $x<12$

$\therefore 0<x<12$

열쇠고리 한 개의 값을 y달러라 하면 인형 한 개의 값은 $(y+3)$달러이므로

$x(y+3)+(24-x)y=120$

$xy+3x+24y-xy=120$

$x+8y=40$

$\therefore x=8(5-y)$

x는 8의 배수이고 $x<12$이므로 $x=8$

$x=8$을 $x=8(5-y)$에 대입하면 $y=4$

따라서 민기가 산 인형은 8개이고, 한 개의 값은 7달러이므로 전체 금액은 $8\times7=56$(달러)

07 (i) 파란색 그릇에서 소금물 $100\,\mathrm{g}$을 빨간색 그릇에 넣었을 때 빨간색 그릇의 소금의 양 :

　$\dfrac{x+6}{100}\times300+\dfrac{x}{100}\times100=4x+18\,(\mathrm{g})$

(ii) 빨간색 그릇에서 소금물 $100\,\mathrm{g}$을 파란색 그릇에 넣었을 때 파란색 그릇의 소금의 양 :

　$\dfrac{x}{100}\times100+(4x+18)\times\dfrac{1}{4}=2x+\dfrac{9}{2}\,(\mathrm{g})$

(iii) 물 $200\,\mathrm{g}$을 파란색 그릇에 넣었을 때 파란색 그릇의 소금물의 농도는 $\dfrac{2x+\dfrac{9}{2}}{200+200}\times100=\dfrac{1}{2}x+\dfrac{9}{8}\,(\%)$이고

$2\le\dfrac{1}{2}x+\dfrac{9}{8}\le3$이므로 $\dfrac{7}{4}\le x\le\dfrac{15}{4}$

따라서 $1.75 \le x \le 3.75$이므로 자연수 x의 값을 구하면 2, 3이다.

08 각 원 안의 수의 합을 m이라 하면,
$a+e+h=m$ ··· ㉠, $b+e+f=m$ ··· ㉡
$c+f+g=m$ ··· ㉢, $d+h+g=m$ ··· ㉣
$a+b+c+d+e+f+g+h$
$=1+2+3+4+5+6+7+8=36$
㉠, ㉡, ㉢, ㉣의 각 변을 모두 더하면
$e+f+g+h+36=4m$이므로
$e+f+g+h=4m-36$
또한, $e+f+g+h$의 값 중 가장 작은 값은 $1+2+3+4=10$
이고, 가장 큰 값은 $5+6+7+8=26$이므로
$10 \le e+f+g+h \le 26$
그러므로 $10 \le 4m-36 \le 26$, $46 \le 4m \le 62$
$\therefore \dfrac{46}{4} \le m \le \dfrac{62}{4}$
이때 m은 자연수이므로 12, 13, 14, 15이다.
최소가 되는 경우는 12이고, 한 원안
의 수의 합이 12인 경우의 예는 오른
쪽과 같다.

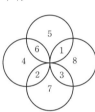

09 문제의 조건에 의하여
$a+b \le M$, $b+c \le M$, $c+d \le M$, $d+e \le M$이므로
다음이 성립한다.
$a+b+c+d \le 2M$
$2M \ge (a+b+c+d+e)-e=600-e \ge 600-M$
$3M \ge 600$ $\therefore M \ge 200$
따라서 $a=200$, $b=0$, $c=200$, $d=0$, $e=200$인 경우
$M=200$이므로 M의 최솟값은 200이다.

⫻ III. 연립일차방정식

1 연립일차방정식과 그 활용

핵심문제 01 　　　　　　　　　　　　　**70쪽**

1 $a=-5$, $b \ne 6$　**2** $x=-12$, $y=5$　**3** -1　**4** 16

1 $-5x^2+7x+2=ax^2+x+3y+bx-4$
$(-5-a)x^2+(6-b)x-3y+6=0$
따라서 미지수가 2개인 일차방정식이 되려면
$-5-a=0$, $6-b \ne 0$
$\therefore a=-5$, $b \ne 6$

2 $\begin{cases} \dfrac{x-4}{2}=\dfrac{2x+y-5}{3} & \cdots ㉠ \\ \dfrac{x+y-2}{3}=\dfrac{x+2y-13}{5} & \cdots ㉡ \end{cases}$

㉠의 양변에 6을 곱하고 정리하면 $x+2y=-2$ ··· ㉢
㉡의 양변에 15를 곱하고 정리하면 $2x-y=-29$ ··· ㉣
㉢$\times 2-$㉣에서 $y=5$
$y=5$를 ㉢에 대입하면 $x=-12$
$\therefore x=-12$, $y=5$

3 연립방정식의 해가 $x=p$, $y=q$이므로 이를 연립방정식에
대입하면 $\begin{cases} 2p+3q=6 & \cdots ㉠ \\ p+aq=-11 & \cdots ㉡ \end{cases}$
두 식 중 미지수를 포함하지 않은 식 ㉠과
$-3p+q=13$을 연립하여 풀면 $p=-3$, $q=4$
$p=-3$, $q=4$를 ㉡에 대입하여 풀면 $a=-2$
$\therefore a+p+q=-2-3+4=-1$

4 연립방정식 $\begin{cases} 4x+7y=2 \\ 6x+ay=8 \end{cases}$의 해를 $x=p$, $y=q$라 하면

연립방정식 $\begin{cases} bx-2y=-12 \\ 8x+9y=11 \end{cases}$의 해는 $x=p+1$, $y=q+1$

이므로 각각 대입하면
$\begin{cases} 4p+7q=2 & \cdots ㉠ \\ 6p+aq=8 & \cdots ㉡ \end{cases}$　$\begin{cases} b(p+1)-2(q+1)=-12 & \cdots ㉢ \\ 8(p+1)+9(q+1)=11 & \cdots ㉣ \end{cases}$

㉠, ㉣을 연립하여 풀면 $p=-3$, $q=2$
$p=-3$, $q=2$를 ㉡에 대입하여 풀면 $a=13$
$p=-3$, $q=2$를 ㉢에 대입하여 풀면 $b=3$
$\therefore a+b=16$

응용문제 01

예제 ① -7, -1, 2, -1, $-\dfrac{1}{4}$, $-\dfrac{3}{4}$ / $x=-\dfrac{1}{4}$, $y=-\dfrac{3}{4}$

1 $a=6$, $x=2$, $y=0$　　　**2** $x=\dfrac{1}{2}$, $y=1$, $z=\dfrac{1}{3}$

3 $\dfrac{5}{6}$　　　　　　　**4** $x=-\dfrac{15}{2}$, $y=8$

1 $xy=0$이므로 $x=0$ 또는 $y=0$

(i) $x=0$인 경우

　$x=0$을 ㉠에 대입하면 $y=12$

　따라서 연립방정식의 해는 $x=0$, $y=12$

　이 해는 ㉡을 만족하므로 $a=-24$

　$a=-24$는 음수이므로 a가 양수라는 조건에 맞지 않는다.

(ii) $y=0$인 경우

　$y=0$을 ㉠에 대입하면 $x=\dfrac{12}{a}$, ㉡에 대입하면 $x=\dfrac{a}{3}$

　$\dfrac{12}{a}=\dfrac{a}{3}$, $a^2=36$　　∴ $a=6$($\because a$는 양수)

　∴ $a=6$이면 $x=\dfrac{6}{3}=2$

2 세 식의 역수를 취하면

$\dfrac{x+y}{xy}=3$, $\dfrac{y+z}{yz}=4$, $\dfrac{z+x}{zx}=5$

$\dfrac{1}{x}+\dfrac{1}{y}=3$ … ㉠, $\dfrac{1}{y}+\dfrac{1}{z}=4$ … ㉡, $\dfrac{1}{z}+\dfrac{1}{x}=5$ … ㉢

㉠, ㉡, ㉢의 각 변을 더하면 $2\left(\dfrac{1}{x}+\dfrac{1}{y}+\dfrac{1}{z}\right)=12$

∴ $\dfrac{1}{x}+\dfrac{1}{y}+\dfrac{1}{z}=6$ … ㉣

㉡, ㉣에서 $\dfrac{1}{x}=2$　　∴ $x=\dfrac{1}{2}$

㉢, ㉣에서 $\dfrac{1}{y}=1$　　∴ $y=1$

㉠, ㉣에서 $\dfrac{1}{z}=3$　　∴ $z=\dfrac{1}{3}$

3 ㉠$+3\times$㉡에서 $7a+7b=35$　　∴ $a+b=5$ … ㉢

㉢을 ㉠에 대입하면 $3ab+5=23$　　∴ $ab=6$

∴ $\dfrac{1}{a}+\dfrac{1}{b}=\dfrac{a+b}{ab}=\dfrac{5}{6}$

4 (i) $x>y$일 때

$x\triangle y=x$, $x\triangledown y=y$이므로

$\begin{cases}x=2x+3y-1\\y=-x-y-7\end{cases}$ ➡ $\begin{cases}x+3y=1\\x+2y=-7\end{cases}$

∴ $x=-23$, $y=8$

이때 $x>y$이어야 하므로 조건에 맞지 않는다.

(ii) $x<y$일 때

$x\triangle y=y$, $x\triangledown y=x$이므로

$\begin{cases}y=2x+3y-1\\x=-x-y-7\end{cases}$ ➡ $\begin{cases}2x+2y=1\\2x+y=-7\end{cases}$

∴ $x=-\dfrac{15}{2}$, $y=8$ ($x<y$이라는 조건 만족시킨다.)

핵심문제 02

1 9　　　**2** 6

3 (1) 10, 9 (2) $x=3$, $y=5$ (3) $A=\dfrac{35}{99}$, $B=\dfrac{8}{15}$

1 $\begin{cases}\dfrac{x+y-2}{3}=\dfrac{x+8}{5} & \cdots ㉠\\[2mm]\dfrac{x-y+a}{4}=\dfrac{x+8}{5} & \cdots ㉡\end{cases}$

㉠에 $y=4$를 대입하면 $\dfrac{x+4-2}{3}=\dfrac{x+8}{5}$

$5(x+2)=3(x+8)$, $2x=14$　∴ $x=7$

$x=7$, $y=4$를 ㉡에 대입하면 $\dfrac{7-4+a}{4}=\dfrac{7+8}{5}$

$3+a=12$　　∴ $a=9$

2 ㉠$-$㉡에서 $x+y=3$　…㉣

㉡$\times2+$㉢에서 $3x-3y=-3$

∴ $x-y=-1$　　　　…㉤

㉣, ㉤을 연립하여 풀면 $x=1$, $y=2$

$x=1$, $y=2$를 ㉠에 대입하면 $z=3$

따라서 $a=1$, $b=2$, $c=3$이므로 $abc=6$

3 (2) $44\times\dfrac{10x+y}{99}+10\times\dfrac{x+9y}{90}=\dfrac{180+C}{9}$에서

$40x+4y+x+9y=180+x+y(\because C=x+y)$

$40x+12y=180$

∴ $10x+3y=45$ … ㉠

$-11\times\dfrac{10x+y}{99}+10\times\dfrac{x+9y}{90}=\dfrac{13}{9}$을 정리하면

$-9x+8y=13$ … ㉡

㉠, ㉡을 연립하여 풀면 $x=3$, $y=5$

(3) $A=0.\dot{3}\dot{5}=\dfrac{35}{99}$, $B=0.5\dot{3}=\dfrac{53-5}{90}=\dfrac{48}{90}=\dfrac{8}{15}$

예제 2 12, 6, -2, -2, 1, 1, $z=-3$ 또는 $z=1$

1 $x=17$, $y=-4$ **2** -1

3 $x=12$, $y=18$, $z=30$ **4** -3

---

1 $0.\dot{2}x+0.\dot{6}y=1.\dot{1}$에서 $\dfrac{2}{9}x+\dfrac{6}{9}y=\dfrac{10}{9}$

$\therefore x+3y=5 \cdots \textcircled{\scriptsize ㄱ}$

$\dfrac{x-2y}{3}-\dfrac{2x+y}{4}=\dfrac{5}{6}$의 양변에 12를 곱하면

$4(x-2y)-3(2x+y)=10$

$\therefore 2x+11y=-10 \cdots \textcircled{\scriptsize ㄴ}$

$\textcircled{\scriptsize ㄱ}$, $\textcircled{\scriptsize ㄴ}$을 연립하여 풀면 $x=17$, $y=-4$

2   두 연립방정식의 공통된 해는 $\begin{cases} (3y-1):(x-4)=2:1 \\ 1.6x-0.9y=4.1 \end{cases}$ 의

해와 같다.

$1.6x-0.9y=4.1$에서 $16x-9y=41 \quad \cdots \textcircled{\scriptsize ㄱ}$

$(3y-1):(x-4)=2:1$에서 $(3y-1)=2(x-4)$

$\therefore 2x-3y=7 \quad\quad\quad\quad\quad \cdots \textcircled{\scriptsize ㄴ}$

$\textcircled{\scriptsize ㄱ}$, $\textcircled{\scriptsize ㄴ}$을 연립하여 풀면 $x=2$, $y=-1$

$x=2$, $y=-1$을 $x+my=9$에 대입하면

$2-m=9 \quad \therefore m=-7$

$x=2$, $y=-1$을 $nx+5y=7$에 대입하면

$2n-5=7 \quad \therefore n=6$

$\therefore m+n=-1$

3 $\begin{cases} x+y-z=0 & \cdots \textcircled{\scriptsize ㄱ} \\ 3x+8y-6z=0 & \cdots \textcircled{\scriptsize ㄴ} \end{cases}$ 에서 $\textcircled{\scriptsize ㄱ}\times3-\textcircled{\scriptsize ㄴ}$을 하면 $y=\dfrac{3}{5}z$

$y=\dfrac{3}{5}z$를 $\textcircled{\scriptsize ㄱ}$에 대입하면 $x=\dfrac{2}{5}z$

$x:y:z=\dfrac{2}{5}z:\dfrac{3}{5}z:z=2:3:5$이므로

$x=2k$, $y=3k$, $z=5k$라 하자.

x, y, z의 최소공배수는 $30k$이므로 $30k=180 \quad \therefore k=6$

$\therefore x=12$, $y=18$, $z=30$

4   연립방정식 $\begin{cases} x-3y+z=2x-y+z \\ 2x-y+z=x+y-3z \end{cases}$ 을 정리하면

$\begin{cases} x=-2y & \cdots \textcircled{\scriptsize ㄱ} \\ x-2y+4z=0 & \cdots \textcircled{\scriptsize ㄴ} \end{cases}$

$\textcircled{\scriptsize ㄱ}$을 $\textcircled{\scriptsize ㄴ}$에 대입하면 $-2y-2y+4z=0 \quad \therefore z=y$

$\therefore \dfrac{x}{y+z}+\dfrac{y}{z+x}+\dfrac{z}{x+y}=\dfrac{-2y}{2y}+\dfrac{y}{-y}+\dfrac{y}{-y}$

$=-1-1-1=-3$

---

1 -6 **2**   민재, 보라

3   (1) $b+a+5=0$, $b-2\neq0$ (2) $\dfrac{10}{3}$ (3) $-\dfrac{25}{3}$

---

1 $\begin{cases} -4x+by=0 \\ 2x-3y=by \end{cases} \Rightarrow \begin{cases} -4x+by=0 & \cdots \textcircled{\scriptsize ㄱ} \\ 2x-(3+b)y=0 & \cdots \textcircled{\scriptsize ㄴ} \end{cases}$

$\textcircled{\scriptsize ㄴ}\times(-2)$를 하면 $\begin{cases} -4x+by=0 \\ -4x+2(3+b)y=0 \end{cases}$

$x=0$, $y=0$은 주어진 연립방정식의 해이고 미지수가 2개인 연립방정식의 해가 2개 이상인 경우는 해가 무수히 많음을 뜻한다.

따라서 $b=6+2b \quad \therefore b=-6$

2 $a=6$, $b=12$이면 해가 무수히 많다.

$a\neq6$, $b=12$이면 해가 없다.

$b\neq12$이면 해는 1쌍이다.

세연 : $a=6$, $b=-8$이면 해가 1쌍이다.

우석 : $a=6$, $b=12$이면 해가 무수히 많다.

3   (1) $(b+a+5)x+(b-2)=0$이 해를 가지지 않으려면

$b+a+5=0$, $b-2\neq0$

(2) $\begin{cases} 2x+ay=20 \\ 3x+5y=9a \end{cases}$ 의 해가 무수히 많으므로

$\dfrac{2}{3}=\dfrac{a}{5}=\dfrac{20}{9a} \quad \therefore a=\dfrac{10}{3}$

(3) $b+a+5=0$에 $a=\dfrac{10}{3}$을 대입하면 $b+\dfrac{10}{3}+5=0$

$\therefore b=-\dfrac{25}{3}$ ($b\neq2$이므로 조건을 만족시킨다.)

예제 3 3, ±3, -3, -21, -3 / -3

1   (1) $a=1$, $b=6$ (2) 7개   **2** -1

3   (1) $\dfrac{x-ay}{4}+\dfrac{y}{2}$ (2) $0.6y-0.2x$ (3) 5

---

1   (1) $\begin{cases} 3x+6y+9=0 \\ 2x-(a-5)y+b=0 \end{cases} \Rightarrow \begin{cases} 6x+12y+18=0 \\ 6x-3(a-5)y+3b=0 \end{cases}$

에서 연립방정식의 해가 무수히 많으려면 x, y의 계수와 상수항이 각각 같아야 하므로 $12=-3(a-5)$, $18=3b$

$\therefore a=1$, $b=6$

(2) $x+6y=43$의 해 중 자연수인 것을 모두 구하면

$(1, 7), (7, 6), (13, 5), (19, 4), (25, 3), (31, 2),$

$(37, 1)$이다.

∴ 7개

2 연립방정식 $\begin{cases} ax+by+c=0 \\ -bx-cy+a=0 \end{cases}$ 의 해가 무수히 많으므로

$\dfrac{a}{-b}=\dfrac{b}{-c}=\dfrac{c}{a}$

따라서 $\dfrac{a}{-b}=\dfrac{b}{-c}=\dfrac{c}{a}=k$($k$는 상수)라 하면

$a=-bk,\ b=-ck,\ c=ak$

∴ $abc=abck^3$

그런데 $abc \neq 0$이므로 $k^3=1$

∴ $k=1$

즉, $\dfrac{a}{-b}=\dfrac{b}{-c}=\dfrac{c}{a}=1$

∴ $a=-b=c$ ⋯ ㉠

㉠을 $ax+by+c=0$에 대입하면 $ax-ay+a=0$이 되므로

$x-y+1=0$

∴ $x-y=-1$

3 (1) $\left\langle \dfrac{1}{4},\ y \right\rangle \blacktriangle \left\langle x-ay,\ \dfrac{1}{2} \right\rangle = \dfrac{x-ay}{4}+\dfrac{y}{2}$

(2) $\langle 0.6,\ -x \rangle \blacktriangle \langle y,\ 0.2 \rangle = 0.6y-0.2x$

(3) $\langle 5,\ 3 \rangle \blacktriangle \langle -2,\ 3 \rangle = -10+9 = -1$

$\begin{cases} \dfrac{x-ay}{4}+\dfrac{y}{2}=-1 \\ 0.6y-0.2x=-1 \end{cases} \Rightarrow \begin{cases} x-(a-2)y=-4 \\ x-3y=5 \end{cases}$

x, y의 계수는 같고 상수항은 다르면 연립방정식의 해가 없으므로

$-(a-2)=-3$이므로 $a-2=3$에서 $a=5$

1 26번   **2** $x=4,\ y=8$ **3** 의자 수 : 12개, 학생 수 : 47명

4 A제품 : 270개, B제품 : 106개

1 A가 이긴 횟수를 x번, B가 이긴 횟수를 y번이라 하자.

연립방정식 $\begin{cases} 2x-y=32 \\ 2y-x=14 \end{cases}$ 을 풀면 $x=26,\ y=20$

2 (ⅰ) $x>y$인 경우

일의 자리에서 $x-y=6$

십의 자리에서 $100+30-10x=10y \Rightarrow x+y=13$

연립방정식 $\begin{cases} x-y=6 \\ x+y=13 \end{cases}$ 을 풀면 $x=\dfrac{19}{2},\ y=\dfrac{7}{2}$

이때 x, y는 한 자리의 자연수라는 조건을 만족하지 못한다.

(ⅱ) $x<y$인 경우

일의 자리에서 $10+x-y=6$

십의 자리에서 $100+(30-10)-10x=10y$

$\Rightarrow x+y=12$

연립방정식 $\begin{cases} x-y=-4 \\ x+y=12 \end{cases}$ 을 풀면 $x=4,\ y=8$

3 의자가 x개, 학생이 y명이라면 $\begin{cases} y=3x+11 \\ y=4(x-1)+3 \end{cases}$ 에서

연립방정식을 풀면 $x=12,\ y=47$

4 지난달 A제품의 생산량을 x개, B제품의 생산량을 y개라 하면

$\begin{cases} x+y=400 \\ -\dfrac{10}{100}x+\dfrac{6}{100}y=-\dfrac{6}{100}\times 400 \end{cases}$

위 연립방정식을 풀면 $x=300,\ y=100$

따라서 이번달에 A제품은 $300 \times \left(1-\dfrac{10}{100}\right)=270$(개),

B제품은 $100 \times \left(1+\dfrac{6}{100}\right)=106$(개)를 생산하였다.

예제 **4** 2, 1620, 2, 600, 600, 4020, 420, 370, 790 / 790

1 시속 6 km   **2** A : 48000원, B : 32000원

3 8일   **4** 700 g

1 정지된 물에서 배의 속력을 시속 x km, 흐르는 물의 속력을 시속 y km라 하면 1시간 동안 떠내려간 거리는 y km이다. 시간에 관한 방정식을 세우면

$\begin{cases} \dfrac{10+y}{x-y}+1=4 & \cdots ㉠ \\ \dfrac{10}{x+y}=\dfrac{5}{4} & \cdots ㉡ \end{cases}$

㉡을 정리하면 $y=8-x$

$y=8-x$를 ㉠에 대입하면 $\dfrac{18-x}{2x-8}+1=4$

$18-x=3(2x-8)$, $7x=42$ $\therefore x=6$

$\therefore y=8-x=8-6=2$

따라서 정지된 물에서 배의 속력은 시속 6 km이다.

2 A의 원가를 x원, B의 원가를 y원이라 하면

$x+y=80000$ ⋯ ㉠

(A의 정가)$=(1+0.3)x=1.3x$,

(B의 정가)$=(1+0.2)y=1.2y$

(A의 할인가)$=1.3x\times0.8=1.04x$,

(B의 할인가)$=1.2y\times0.9=1.08y$

$1.04x+1.08y=80000+4480$

$0.04x+0.08y=4480$ ⋯ ㉡

㉠, ㉡을 연립하여 풀면 $x=48000$, $y=32000$

3 전체 일의 양을 1이라 하고, A, B, C가 하루에 하는 일의 양을 각각 x, y, z라 하자.

A, B, C가 함께 일을 하면 4일이 걸리므로

$4x+4y+4z=1$ ⋯ ㉠

B, C가 함께 일을 하면 12일이 걸리므로

$12y+12z=1$ ⋯ ㉡

$3\times$㉠$-$㉡을 하면 $12x=2$ $\therefore x=\dfrac{1}{6}$

㉡에서 $y+z=\dfrac{1}{12}$

A가 하고 남은 일을 B, C가 k일 동안 하면 끝낸다고 하면

$2x+k(y+z)=1$이므로 $\dfrac{2}{6}+\dfrac{1}{12}k=1$ $\therefore k=8$

4 섭취해야 할 식품 A의 양을 x g, 식품 B의 양을 y g이라 하면

$$\begin{cases} \dfrac{16}{100}x+\dfrac{20}{100}y=120 \\ \dfrac{14}{100}x+\dfrac{5}{100}y=80 \end{cases} \therefore x=500, y=200$$

따라서 식품 A, B를 모두 합하여 700 g을 섭취하면 된다.

심화 문제

78~83쪽

01 $a=-3$, $b=4$ **02** $x=0$, $y=1$

03 5   **04** 3   **05** 8   **06** -1

07 2   **08** 1   **09** 4   **10** 5000원

11 15명   **12** 9명   **13** 130 kg   **14** 554

15 300원짜리 물건 : 4개, 400원짜리 물건 : 2개,

     500원짜리 물건 : 12개

16 10분   **17** 40 %   **18** 65.6점

01 연립방정식의 해가 같으므로 $2x-5y=4$와 $3x+y=-11$의 해도 같다.

두 식을 연립하여 풀면 $x=-3$, $y=-2$

따라서 $a\times(-3)+3\times(-2)=3$에서 $a=-3$,

$2\times(-3)-b\times(-2)=2$에서 $b=4$

02 $ax-2y=-2$ ⋯ ㉠, $2x+by=3$ ⋯ ㉡으로 놓으면

A는 ㉠에서 a를 잘못 보고 풀었으므로

㉡에 $x=3$, $y=-1$을 대입하면 $6-b=3$ $\therefore b=3$

B는 ㉡에서 b를 잘못 보고 풀었으므로

㉠에 $x=2$, $y=3$을 대입하면 $2a-6=-2$ $\therefore a=2$

㉠과 ㉡에 $a=2$, $b=3$을 각각 대입하면

$2x-2y=-2$, $2x+3y=3$

따라서 두 식을 연립하여 풀면 $x=0$, $y=1$

03 연립방정식을 정리하면 $\begin{cases}(2-a)x+y=0 \\ (1-2a)x+3y=0\end{cases}$

이 연립방정식이 $x=0$, $y=0$ 이외의 해를 가지려면

$\dfrac{2-a}{1-2a}=\dfrac{1}{3}$이 성립해야 하므로

$3(2-a)=1-2a$ $\therefore a=5$

04 ㉮의 해가 (x, y)이므로 ㉯의 해는 $(x+1, y+1)$

따라서 ㉮의 $5x+3y=-1$과

㉯의 $3(x+1)+4(y+1)=13$이 성립한다.

두 식을 연립하여 풀면 $x=-2$, $y=3$이므로 ㉯의 해는

$x=-1$, $y=4$이다.

$9bx-2y=-6a$에 $x=-2$, $y=3$을 대입하면

$a-3b=1$ ⋯ ㉠

$ax-3by=-6$에 $x=-1$, $y=4$를 대입하면

$a+12b=6$ ⋯ ㉡

㉠, ㉡을 연립하여 풀면 $a=2$, $b=\dfrac{1}{3}$

$\therefore a+3b=2+3\times\dfrac{1}{3}=3$

05 $\dfrac{9}{x}+\dfrac{4}{y}=1$, $\dfrac{6}{x}-\dfrac{8}{y}=6$에서 $\dfrac{1}{x}=X$, $\dfrac{1}{y}=Y$로 놓으면

$9X+4Y=1$, $6X-8Y=6$

두 식을 연립하여 풀면 $X=\dfrac{1}{3}$, $Y=-\dfrac{1}{2}$

$\therefore x=3$, $y=-2$

$x=3$, $y=-2$를 $ax-by=8$, $ax+by=10$에 각각 대입한
두 식을 연립하여 풀면 $a=3$, $b=-\dfrac{1}{2}$

$\therefore 2a-\dfrac{1}{b}=2\times 3+2=8$

06 주어진 연립방정식의 해가 무수히 많으므로

$\dfrac{1}{4}=\dfrac{a}{8}=\dfrac{5}{10a}$에서 $a=2$

$a=2$를 $(b-a+3)x+(b-2)=0$에 대입하면

$(b+1)x+(b-2)=0$

따라서 방정식 $(b+1)x=2-b$가 해를 갖지 않으려면

$b+1=0$, $2-b\neq 0$

$\therefore b=-1$

07 $\dfrac{x+2}{3}=\dfrac{a+6}{4}$에서 $x=\dfrac{3a+10}{4}$ … ㉠

$\dfrac{y+7}{2}=\dfrac{a+6}{4}$에서 $y=\dfrac{a-8}{2}$ … ㉡

㉠과 ㉡을 $x+y+a-3=0$에 대입하면

$\dfrac{3a+10}{4}+\dfrac{a-8}{2}+a-3=0$ $\quad\therefore a=2$

08 연립방정식에서 y를 소거하여 x에 대하여 풀면

$x=\dfrac{-31-20m}{17}$ … ㉠

이것을 $2x+5y=9-5m$에 대입하면

$2\times\dfrac{-31-20m}{17}+5y=9-5m$, $y=\dfrac{43-9m}{17}$ … ㉡

㉠, ㉡을 $x+2y=5-4m$에 대입하면

$\dfrac{-31-20m}{17}+2\times\dfrac{43-9m}{17}=5-4m$ $\quad\therefore m=1$

09 $x=2$, $y=3$을 $3x+cy=3$에 대입하면

$6+3c=3$ $\quad\therefore c=-1$

$x=0$, $y=6$을 $ax+by=12$에 대입하면

$6b=12$ $\quad\therefore b=2$

$x=2$, $y=3$, $b=2$를 $ax+by=12$에 대입하면

$2a+3\times 2=12$ $\quad\therefore a=3$

$\therefore a+b+c=3+2-1=4$

10 A 제품 1 kg의 가격을 x원, B 제품 1 kg의 가격을 y원이라
하면

$5y=4x-3000$, $8x+7y=7x+8y+2000$

두 식을 연립하여 풀면 $x=7000$, $y=5000$

11 A 종목에서 상을 받은 사람을 x명, B 종목에서 상을 받은 사
람을 y명이라 하면

$x=y+4$, $x+y-6=20$

두 식을 연립하여 풀면 $x=15$, $y=11$

12 총 금액을 y만 원, 각 아들이 받은 금액을 x만 원이라 하면

$100+\dfrac{1}{10}(y-100)=200+\dfrac{1}{10}(y-x-200)$

$\qquad\qquad\qquad =300+\dfrac{1}{10}(y-2x-300)$

연립방정식을 풀면 $x=900$, $y=8100$

따라서 아들의 수는 $8100\div 900=9$(명)

13 A 합금을 x kg, B 합금을 y kg 섞었다고 하면

$0.7x+0.4y=135$, $0.2x+0.5y=81$

두 식을 연립하여 풀면 $x=130$, $y=110$

14 처음의 세 자리의 자연수를 $100a+10b+c$라 하면

$b-c=1$, $a+b+c=14$,

$100a+10b+c=100c+10b+a+99$

세 식을 연립하여 풀면 $a=5$, $b=5$, $c=4$

따라서 구하는 세 자리의 수는 554이다.

15 300원 하는 물건을 x개, 400원 하는 물건을 y개, 500원 하는
물건을 z개 샀다고 하면

$x+y+z=18$, $300x+400y+500z=8000$에서

x를 소거하여 정리하면 $y+2z=26$

그런데 y, z는 모두 양의 정수이고, z를 최대로 하려면

$z=12$일 때 $y=2$, $x=4$

따라서 300원짜리 4개, 400원짜리 2개, 500원짜리 12개를
살 수 있다.

16 A 호스로 1분 동안 채운 물의 양을 x L, B 호스로 1분 동안
채운 물의 양을 y L라 하면

$7x+4y=150\times\dfrac{3}{5}$, $5x+6y=150\times\dfrac{8}{15}$

두 식을 연립하여 풀면 $x=10$, $y=5$

따라서 A, B 두 호스를 동시에 사용하여 a분 후에 물을 가득
채웠다고 하면

$10a+5a=150$ $\quad\therefore a=10$

17 A만 맞힌 학생을 x %, B만 맞힌 학생을 y %라 하고, 전체
학생 수를 100이라 하면 A와 B를 모두 맞힌 학생 수는

$52-x=40-y$

A 또는 B 문제를 맞힌 학생 수는 $52+y=x+40$이므로

$(x+40)\times\dfrac{15}{100}=52-x$ $\quad\therefore x=40$

18 합격자의 평균을 x점, 불합격자의 평균을 y점이라 하면 최저 합격 점수는

$$x-25=2y-10=\frac{35x+25y}{60}-3$$

식을 연립하여 풀면 $x=90.6$, $y=37.8$

따라서 최저 합격 점수는 $x-25=90.6-25=65.6$(점)

최상위 문제 [84~89쪽]

01 -2	**02** 7	**03** 42	**04** 1
05 14	**06** $\frac{11}{6}$	**07** 배 : 12개, 사과 : 4개, 굴 : 84개	
08 30 km	**09** 5곡	**10** 60만 원	**11** 800 g
12 $\frac{1000}{7}$ m/분	**13** $\frac{26}{3}$ %	**14** 15분	
15 91.5점	**16** 2193	**17** 2	**18** 243일

01 $\begin{cases} 4x-2y=5 & \cdots \ ㉠ \\ -x+3y=a & \cdots \ ㉡ \end{cases}$ 로 놓고 $㉠\times3+㉡\times2$를 하면

$$x=\frac{15+2a}{10}$$

그런데 $x\geq1$이므로 $\dfrac{15+2a}{10}\geq1$ $\therefore a\geq-\dfrac{5}{2}$

따라서 가장 작은 정수 a는 -2이다.

02 $x=2$를 두 식에 각각 대입하면

$2a+y=-1 \cdots ㉠$

$2-y=a+2b \cdots ㉡$

$㉠+2\times㉡$을 하여 a를 소거하면 $y=5-4b$

그런데 y의 값이 정수가 되려면 $-4b$가 정수가 되어야 하므로

$b=-0.5 (\because -0.7<b<-0.4)$

$\therefore y=5-4\times(-0.5)=7$

03 $5x-3y=z \cdots ㉠$, $-4x+3y=4z \cdots ㉡$

$㉠+㉡$을 하면 $x=5z$

$x=5z$를 $㉠$에 대입하면 $25z-3y=z$에서 $y=8z$

$5z$, $8z$, z의 최소공배수가 120이므로 $40z=120$에서 $z=3$

$\therefore x=3\times5=15$, $y=3\times8=24$

$\therefore x+y+z=15+24+3=42$

04 ㉮의 x의 값과 y의 값을 각각 A, B라 하면

$\begin{cases} 2A+B=4 & \cdots ㉠ \\ aA+2B=-1 & \cdots ㉡ \end{cases}$, $\begin{cases} 3B+2A=b & \cdots ㉢ \\ 2B+3A=5 & \cdots ㉣ \end{cases}$

㉠과 ㉣을 연립하여 풀면 $A=3$, $B=-2$

이것을 ㉡과 ㉢에 각각 대입하면 $a=1$, $b=0$

$\therefore a+b=1+0=1$

05 (i) 해가 무수히 많을 때 : $\dfrac{3a}{15}=\dfrac{4}{b}=\dfrac{1}{1}$에서 $a=5$, $b=4$

$\therefore A=a+b=5+4=9$

(ii) 해가 없을 때 : $\dfrac{3a}{15}=\dfrac{4}{b}\neq\dfrac{1}{1}$에서 $ab=20$

그런데 $a\neq5$, $b\neq4$이므로 $(a, b)=(1, 20)$, $(2, 10)$, $(4, 5)$, $(10, 2)$, $(20, 1)$ $\therefore B=5$

$\therefore A+B=9+5=14$

06 $x+y=4xy$에서 $\dfrac{1}{x}+\dfrac{1}{y}=4$

$y+z=3yz$에서 $\dfrac{1}{y}+\dfrac{1}{z}=3$

$z+x=5zx$에서 $\dfrac{1}{z}+\dfrac{1}{x}=5$

$\dfrac{1}{x}=P$, $\dfrac{1}{y}=Q$, $\dfrac{1}{z}=R$라 놓으면

$P+Q=4$, $Q+R=3$, $R+P=5$

위 세 식을 연립하여 풀면 $P=3$, $Q=1$, $R=2$

$\therefore x=\dfrac{1}{3}$, $y=1$, $z=\dfrac{1}{2}$

$\therefore a+b+c=\dfrac{1}{3}+1+\dfrac{1}{2}=\dfrac{11}{6}$

07 배를 x개, 사과를 y개, 굴을 z개씩 산다고 하자.

$\begin{cases} x+y+z=100 \\ 5000x+3000y+\dfrac{1000}{3}z=100000 \end{cases}$에서

$\begin{cases} y+z=100-x \\ 9y+z=300-15x \end{cases}$

위 연립방정식에서 x를 상수로 가정하고 y, z에 대하여 풀면

$$y=25-\frac{7}{4}x, \quad z=75+\frac{3}{4}x$$

따라서 x는 4의 배수이므로 위 식을 만족시키는 자연수 x, y, z에 대하여 순서쌍 (x, y, z)를 구하면 다음과 같다.

$(x, y, z)=(4, 18, 78)$, $(8, 11, 81)$, $(12, 4, 84)$

그런데 배를 가능한 한 많이 사야 하므로

배는 12개, 사과는 4개, 굴은 84개를 사야 한다.

08 A→B→C까지의 거리를 x km, C→D→E까지의 거리를 y km라 하면

A→C는 $(x-5)$ km이고, C→E는 $0.9y$ km이므로

$$\frac{x}{50}+\frac{y}{50}=\frac{66}{60}, \ \frac{x-5}{60}+\frac{0.9y}{60}=\frac{48}{60}$$

두 식을 연립하여 풀면 $x=35, y=20$

따라서 예슬이가 A에서 C까지 이동한 거리는

$x-5=35-5=30$(km)

09 5분짜리 x곡과 7분짜리 y곡을 연주한다면 곡과 곡 사이에는 1분간의 쉬는 시간이 있으므로 쉬는 시간은 모두 $(x+y-1)$분이다.

따라서 전체 연주 시간은

$5x+7y+(x+y-1)=87, \ 5y+7x+(x+y-1)=93$

두 식을 연립하여 풀면 $x=8, y=5$

10 주어진 원료로 제품 A를 x kg, 제품 B를 y kg 만들었다고 하면

$3x+6y=20, \ 5x+4y=24$

두 식을 연립하여 풀면 $x=\frac{32}{9}, y=\frac{14}{9}$이므로

총 이익은 $\frac{32}{9}\times 9+\frac{14}{9}\times 18=60$(만 원)

11 6 %, 7 %, 8 %인 소금물의 양을 각각 x g, y g, z g이라 하면

$x+y+z=5600$

$0.06x+0.07y+0.08z=0.072\times 5600$

$0.07y+0.08z=0.074(y+z)$

세 식을 연립하여 풀면 $x=800, y=2880, z=1920$

12 A, B, C의 속력을 각각 $4x$ m/분, $5x$ m/분, $6x$ m/분이라 하고, P와 Q 사이의 거리를 y m라 하면

$$4x\times\frac{y}{5x}+1500=y, \ 6x\times\left(\frac{y}{5x}-7\right)=y$$

이므로 연립하여 풀면 $x=\frac{250}{7}, y=7500$

따라서 A의 속력은 $\frac{250}{7}\times 4=\frac{1000}{7}$(m/분)

13 A, B, C의 원가를 1개에 x원이라 하면

$150\times ax+150\times bx+300\times 6x=600\times 8x$에서 $a+b=20$

구하는 전체의 이익을 y %라 하면

$200(ax+bx+6x)=600\times xy$에서 $a+b=3y-6$

따라서 $3y-6=20$에서 $y=\frac{26}{3}$

14 1분간 창구에서 우표를 사는 사람 수를 x명, 줄에 더하여 지는 사람 수를 y명, 판매 전의 사람 수를 a명이라 하면

$a+90y=90x \quad \cdots$ ㉠

$a+40y=2\times 40x \cdots$ ㉡

두 식에서 a를 소거하면 $x=5y \quad \cdots$ ㉢

㉢을 ㉠에 대입하고 정리하면 $a=72x$

t분 후에 줄이 없어진다고 하면 $a+ty=5\times tx$이므로

$y=\frac{1}{5}x, a=72x$를 대입하면

$72x+\frac{1}{5}tx=5tx$

$\therefore t=15$

15 합격 점수를 x점, 전체 평균 점수를 y점이라 하면

합격자의 평균 점수는 $(x+8)$점, 불합격자의 평균 점수는 $\frac{x}{3}$점이므로

$x=y+15$

$y=\left\{\left(60\times\frac{2}{3}\right)\times(x+8)+\left(60\times\frac{1}{3}\right)\times\frac{x}{3}\right\}\div 60$

두 식을 연립하여 풀면 $x=91.5, y=76.5$

16 물건 x개를 사고 지불하는 물건값을 y원이라 하면

$y=a+b(x-p)\,(x\geq p)$이므로

$a=2000, a+b(20-p)=3260, a+b(30-p)=5060$

세 식을 연립하여 풀면 $a=2000, b=180, p=13$이므로

$a+b+p=2193$

17 $a+b-c=0 \cdots$ ㉠, $2a-6b+3c=0 \cdots$ ㉡

㉠에서 $c=a+b$를 ㉡에 대입하여 풀면

$a=\frac{3}{5}b, c=\frac{8}{5}b$

$\therefore a:b:c=\frac{3}{5}b:b:\frac{8}{5}b=3:5:8$

따라서 $a=3k, b=5k, c=8k$라 하면 최대공약수는 k이고,

최소공배수는 $3\times 5\times 8\times k=240$

$\therefore k=2$

18

출근할 때	버스	버스	지하철
퇴근할 때	버스	지하철	버스
날 수	x	y	z

$x+y=196, x+z=169, y+z=121$이므로

세 식의 양변을 각각 더하면

$2(x+y+z)=486 \quad \therefore x+y+z=243$

01 6	**02** 33	**03** $a=2, b=5$
04 150걸음	**05** 오전 5시	**06** 160 kg
07 25 %	**08** 26점	**09** 700 m

01 ①$-$③을 하면 $c-e=-6$ $\therefore e=c+6$

$e=c+6$을 ⑥에 대입하면 $b+e+f=b+c+6+f=12$

$\therefore b+c+f=6$

02 (i) $x>y$일 때,

$$\begin{cases} x=3x-y+5 \\ y=2x+5y-3 \end{cases}$$

$$\begin{cases} 2x-y=-5 &\cdots \text{㉠} \\ 2x+4y=3 &\cdots \text{㉡} \end{cases}$$

㉠$-$㉡을 하면 $-5y=-8$ $\therefore y=\dfrac{8}{5}$

$2x=y-5=\dfrac{8}{5}-5=-\dfrac{17}{5}$

$\therefore x=-\dfrac{17}{10}$ ➡ $x<y$이므로 부적합

(ii) $x<y$일 때,

$$\begin{cases} y=3x-y+5 \\ x=2x+5y-3 \end{cases}$$

$$\begin{cases} 3x-2y=-5 &\cdots \text{㉢} \\ x+5y=3 &\cdots \text{㉣} \end{cases}$$

㉢$-$㉣$\times 3$을 하면 $-17y=-14$ $\therefore y=\dfrac{14}{17}$

$\therefore x=3-5y=3-\dfrac{70}{17}=-\dfrac{19}{17}$ ➡ $x<y$이므로 적합

$\therefore 17\{(x\diamondsuit y)-(x\odot y)\}=17\times\left(\dfrac{14}{17}+\dfrac{19}{17}\right)$

$\qquad\qquad\qquad\qquad\qquad\qquad =14+19=33$

03 $$\begin{cases} x-2y+3z=-8 &\cdots \text{㉠} \\ 2x-3y+4z=-2a &\cdots \text{㉡} \\ 3x-4y+bz=0 &\cdots \text{㉢} \end{cases}$$

㉡$-$㉠$\times 2$에서 $y-2z=16-2a$ $\cdots$ ㉣

㉢$-$㉠$\times 3$에서 $2y+(b-9)z=24$ $\cdots$ ㉤

㉣$\times 2-$㉤에서 $(b-5)z=4a-8$ $\cdots$ ㉥

위 연립방정식의 해가 무수히 많으므로 위 ㉥의 식은 z에 대한 항등식이 되어야 한다.

$\therefore b-5=0$에서 $b=5$

$\quad 4a-8=0$에서 $a=2$

04 아버지와 용희가 만난 지점을 B라 하고, A, B 사이의 아버지의 걸음 수를 x, 용희의 걸음 수를 $y+40$이라 하면 다음 그림과 같다.

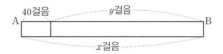

$y:x=7:5, (40+y):x=5:3$

두 식을 연립하여 풀면 $x=150, y=210$

05 두 사람이 만날 때까지 호동이가 간 거리를 x km, 형동이가 간 거리를 y km라 하면 다음 그림과 같이 나타낼 수 있다.

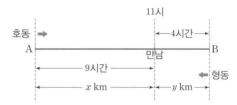

호동이의 속력을 시속 a km, 형동이의 속력을 시속 b km라 하면 만날 때까지 걸린 시간은 같으므로

$\dfrac{x}{a}=\dfrac{y}{b}$ $\cdots$ ㉠

두 사람이 만난 이후에 간 거리는 만나기 전에 상대방이 지나온 거리와 같다.

$x=9b, y=4a$ $\cdots$ ㉡

㉡을 ㉠에 대입하면 $9b^2=4a^2$

$\therefore 3b=2a(\because a, b$는 양수$)$

$3b=2a$를 ㉡에 대입하면 $x=6a, y=6b$

이것을 ㉠에 대입하면 $\dfrac{6a}{a}=6$(시간)

따라서 두 사람이 만날 때까지 6시간 걸렸으므로 출발한 시각은 오전 5시 정각이다.

06 처음 구입한 바나나의 양을 x kg, 1 kg당 판매 가격을 p원, 구입한 총액을 y원이라고 하면

$$\begin{cases} 0.9x\times p=1.2y &\cdots \text{①} \\ (x-10)\times p=1.25y &\cdots \text{②} \end{cases}$$

①$\div$②를 하면

$\dfrac{0.9x}{x-10}=\dfrac{1.2}{1.25}$

$\dfrac{9x}{10x-100}=\dfrac{120}{125}$

$75x=12000$ $\therefore x=160$(kg)

07 처음 소금물의 농도를 $x\%$, 처음 소금물의 무게를 $a\,$g, 나중에 넣은 물의 무게를 $y\,$g, 나중에 넣은 소금의 무게를 $y\,$g이라 하면

$$\begin{cases} ax=20(a+y) & \cdots \text{㉠} \\ 20(a+y)+100y=\dfrac{100}{3}(a+2y) & \cdots \text{㉡} \end{cases}$$

㉡에서 $60(a+y)+300y=100(a+2y)$

$60a+60y+300y=100a+200y$ ∴ $a=4y$

$a=4y$를 ㉠에 대입하면

$4y\times x=20(4y+y)$

∴ $x=25$

08 상을 받은 학생의 평균 점수를 x, 상을 받지 못한 학생의 평균 점수를 y, 전체 응시생의 수를 1이라 하면

(전체 응시생 평균 점수)$=0.4x+0.6y$

$$\begin{cases} 0.4x+0.6y+4=x-10 \\ y=\{(x-10)+20\}\times\dfrac{1}{3} \end{cases} \text{에서} \begin{cases} 3x-3y=70 \\ 3y=x+10 \end{cases}$$

위 두 식을 연립하여 풀면 $x=40$, $y=\dfrac{50}{3}$

∴ (전체 응시생의 평균 점수)$=0.4\times40+0.6\times\dfrac{50}{3}$
$$=16+10=26(\text{점})$$

09 한초가 $1\,$m 가는데 걸리는 시간을 x초, 규형이가 $1\,$m 가는데 걸리는 시간을 y초라 하면

$(400+400+50)x+50\times2=(400+350)y+50$

$(350+400+200)x+50\times2=(50+400+200)y+50\times2$

두 식을 연립하여 풀면 $x=\dfrac{13}{64}$, $y=\dfrac{19}{64}$

두 사람이 세 번째로 만난 지점을 점 D에서 점 C 방향으로 $x\,$m만큼 떨어진 지점이라 하면

$(1000-x)\times\dfrac{13}{64}+100=(600+x)\times\dfrac{19}{64}+100$

∴ $x=50$

(두 사람이 걸은 거리의 차)

$=(1600+400\times2+350)-(1600+400+50)$

$=700(\text{m})$

Ⅳ. 일차함수

1 일차함수와 그래프

핵심 문제 01 94쪽

| **1** ②, ⑤ | **2** -1 | **3** $3\le b\le5$ | **4** $-9\le n\le9$ |

1 ①, ④ x의 값에 따라 y의 값이 하나로 정해지지 않으므로 y는 x의 함수가 아니다.

② $y=70x$ ➡ 일차함수이다.

③ $y=\dfrac{24}{x}$ ➡ y는 x에 대한 함수이지만 일차함수는 아니다.

⑤ $y=5000-500x$ ➡ 일차함수이다.

2 $f(-4)=-2a\times(-4)+5=-3$

$8a=-8$ ∴ $a=-1$

➡ $f(6)=2\times6+5=17$

$g(-4)=-\dfrac{3}{2}\times(-4)-b=-3$

$6-b=-3$ ∴ $b=9$

➡ $g(-2)=3-9=-6$

∴ $f(6)+3g(-2)=17-18=-1$

3 일차함수 $y=ax-b$의 그래프를 x축의 방향으로 -1만큼, y축의 방향으로 $3b$만큼 평행이동하면

$y-3b=a(x+1)-b$

$y=ax+a+2b$

$y=ax+a+2b$는 $(1,\,4)$를 지나므로 $4=2a+2b$

∴ $b=2-a$

$-3\le a\le-1$에서 $1\le-a\le3$, $3\le2-a\le5$

∴ $3\le b\le5$

4 (i) 일차함수 $y=\dfrac{3}{2}x+n$의 그래프가 점 $B(-6,\,0)$을 지날 때, n은 최댓값을 갖는다.

$0=\dfrac{3}{2}\times(-6)+n$ ∴ $n=9$

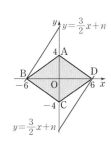

(ii) 일차함수 $y=\dfrac{3}{2}x+n$의 그래프가 점 $D(6,\,0)$을 지날 때, n은 최솟값을 갖는다.

$0=\dfrac{3}{2}\times6+n$ ∴ $n=-9$

(i), (ii)에서 구하는 n의 값의 범위는 $-9\le n\le9$

예제 **1** 2, 3, 3, 3, 17, 3, 3, 7, 3 / 3
1 $a=4$, $b=9$ **2** -1 **3** 2   **4** 18

1 $y=ax+b$가 일차함수이면 $a\neq0$이므로 주어진 두 함수의 x의 계수가 각각 0일 때, 주어진 함수는 일차함수가 될 수 없다.

$$\begin{cases} 2a-b+1=0 &\cdots\text{㉠} \\ -3a+b+3=0 &\cdots\text{㉡} \end{cases}$$

따라서 ㉠, ㉡을 연립하여 풀면 $a=4$, $b=9$

2 일차방정식 $0.5(2x-9)=3-4x$의 양변에 2를 곱하면

$2x-9=6-8x$, $10x=15$ $\therefore x=\dfrac{3}{2}$

일차방정식 $\dfrac{x-11}{3}=7+3x$의 양변에 3을 곱하면

$x-11=21+9x$, $8x=-32$ $\therefore x=-4$

따라서 $a=\dfrac{3}{2}$, $b=-4$이므로 함수 $f(x)=\dfrac{3}{2}x+k$이다.

$f(-2)=-3+k=-4$

$\therefore k=-1$

3 (i) $a>0$일 때,

    $x=-1$이면 $y=0$이므로 $0=-a+1$

    $\therefore a=1$

    $x=1$이면 $y=b$이므로 $b=a+1$

    $\therefore b=2$

(ii) $a<0$일 때,

    $x=1$이면 $y=0$이므로 $0=a+1$

    $\therefore a=-1$

    $x=-1$이면 $y=b$이므로 $b=-a+1$

    $\therefore b=2$

따라서 (i), (ii)에 의해 $b=2$

4 $y=-ax+b$에 $(3, 2)$를 대입하면 $2=-3a+b$ $\cdots$ ㉠

$y=-ax+b+5$에 $(-6, 10)$을 대입하면

$10=6a+b+5$ $\cdots$ ㉡

㉠, ㉡을 연립하여 풀면 $a=\dfrac{1}{3}$, $b=3$

$y=\dfrac{1}{3}x+3$의 그래프 위의 점 중에서 y좌표가 x좌표의 $\dfrac{1}{2}$배가 되는 점의 좌표를 $\left(k, \dfrac{1}{2}k\right)$라 하면

$\dfrac{1}{2}k=\dfrac{1}{3}k+3$

$3k=2k+18$ $\therefore k=18$

1 -4 **2** ②, ④   **3** -15 **4** 2, $-\dfrac{1}{8}$

1 y축의 음의 방향으로 4만큼 평행이동하였으므로

$y=5x-a-4$

$y=5x-a-4$의 그래프의 y절편이 -1이므로

$-a-4=-1$

$\therefore a=-3$

$y=5x-1$의 그래프의 x절편은 $\dfrac{1}{5}$이므로 $b=\dfrac{1}{5}$

$\therefore a-5b=-3-1=-4$

2 주어진 그래프가 오른쪽 위로 향하므로 기울기는 양수이다.

$\therefore a>0$

y절편이 음수이므로 $b<0$이다.

$f(x)=ax+b$라 할 때

$x=1$일 때의 함숫값 $f(1)=a+b>0$

$x=-1$일 때의 함숫값 $f(-1)=-a+b<0$

$a>0$이므로 $f(2)=2a+b>f(1)>0$

$a>0$이므로 $f(-2)=-2a+b<f(-1)<0$

따라서 $a(a+b)>0$, $2ab<0$, $b(b-2a)>0$이다.

3 일차함수 $y=\dfrac{1}{3}x+5$의 그래프의 x절편은 -15, y절편은 5이다.

일차함수 $y=-\dfrac{b}{a}x+b$의 그래프의 x절편은 a, y절편은 b이다.

이때 $-15<a<0$, $0<b<5$이므로 두 일차함수의 그래프는 오른쪽 그림과 같다. 즉, 오른쪽 그림에서 색칠한 부분의 넓이는 큰 삼각형의 넓이에서 작은 삼각형의 넓이를 뺀 것이고 $a<0$이므로

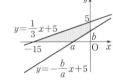

$\dfrac{1}{2}\times15\times5-\dfrac{1}{2}\times(-a)\times b=30$

$\therefore ab=-15$

4 두 일차함수의 그래프가 만나지 않는다.

➡ 두 그래프가 평행하다.

➡ $2a=4$, $-1\neq1$이므로 $a=2$

두 직선이 수직인 조건은 두 일차함수의 그래프의 기울기의 곱이 -1이어야 하므로

$2a\times4=-1$ $\therefore a=-\dfrac{1}{8}$

응용문제 02

97쪽

예제 2 $2, k-1, k-1, 2, 9, -5, -\dfrac{5}{3} / -\dfrac{5}{3}$

1 -4　　2 $1 \le a \le \dfrac{6}{5}$　　3 $4 \le y \le 8$　　4 제2사분면

1 일차함수 $y = ax + 2$의 그래프는
점 $(0, 2)$를 지나는 직선이므로
A$(3, 6)$을 지날 때

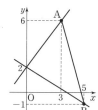

$3a + 2 = 6$　　$\therefore a = \dfrac{4}{3}$

B$(5, -1)$을 지날 때

$5a + 2 = -1$　　$\therefore a = -\dfrac{3}{5}$

직선 $y = ax + 1$의 그래프가 선분 AB와 만나지
않으려면

$a < -\dfrac{3}{5}$ 또는 $a > \dfrac{4}{3}$이다.

$\therefore p = -\dfrac{3}{5}, q = \dfrac{4}{3}$이므로 $5pq = -4$

2 일차함수 $y = ax - 2$의 그래프는
a의 값에 관계없이 항상
점 $(0, -2)$를 지나는 직선이다.

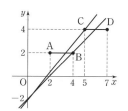

(i) $y = ax - 2$의 그래프가 점
　 B$(4, 2)$를 지날 때, a의 값은
　 최소이다.
　 $2 = 4a - 2$　　$\therefore a = 1$

(ii) $y = ax - 2$의 그래프가 점 C$(5, 4)$를 지날 때, a의 값은
　 최대이다.
　 $4 = 5a - 2$　　$\therefore a = \dfrac{6}{5}$

따라서 (i), (ii)에 의해 상수 a의 값의 범위는 $1 \le a \le \dfrac{6}{5}$

3 오른쪽 그림에서 $x = 2$일 때 y의 값이 최
소인 경우는 일차함수 $y = ax + b$가 두
점 B, C를 지날 때이고, y의 값이 최대
인 경우는 일차함수 $y = ax + b$가 두 점
A, D를 지날 때이다.

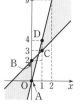

두 점 B$(0, 2)$, C$(1, 3)$을 지나는 직선
의 방정식은 $y = x + 2$이므로 $x = 2$일 때, $y = 4$
두 점 A$(0, 0)$, D$(1, 4)$를 지나는 직선의 방정식은
$y = 4x$이므로 $x = 2$일 때, $y = 8$
따라서 구하는 y의 값의 범위는 $4 \le y \le 8$이다.

4 $a < 0$이므로 $-a > 0$
또, $|a| > |b|$이므로
원점에서 y절편까지의 거리는 일차함수 $y = ax + b$의 그래프
가 일차함수 $y = bx - a$의 그래프보다 더 짧다.
따라서 두 일차함수의 그래프를 그리
면 오른쪽 그림과 같으므로 두 그래
프의 교점은 제2사분면 위에 있다.

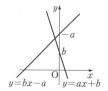

핵심문제 03

98쪽

1 9　　2 ②　　3 4　　4 $(-4, 12)$

1 $f(x+3) - f(x) = -12$의 양변을 3으로 나누면

$\dfrac{f(x+3) - f(x)}{3} = -4 = \dfrac{f(x+3) - f(x)}{(x+3) - x}$이므로

주어진 일차함수의 기울기 $a = -4$이고, $f(0) = 5$이므로
y절편 $b = 5$이다.
따라서 주어진 일차함수의 식은 $y = -4x + 5$이므로
$f(-1) = -4 \times (-1) + 5 = 9$

2 그래프의 식을 구하면

　① $y = 2x + 4$　　② $y = -2x - 3$

　③ $y = 2x + 2$　　④ $y = 2x - 6$

　⑤ $y = 2x - 1$

3 두 일차함수 $y = -\dfrac{a}{b}x + \dfrac{2}{b}$, $y = \dfrac{5}{4}x - 2$의 그래프가 y축 위

에서 만나므로 y절편이 같다. 즉, $\dfrac{2}{b} = -2$　　$\therefore b = -1$

$b = -1$을 $y = -\dfrac{a}{b}x + \dfrac{2}{b}$에 대입하면 $y = ax - 2$

$y = ax - 2$의 그래프가 점 $\left(\dfrac{4}{3}, 2\right)$를 지나므로

$2 = \dfrac{4}{3}a - 2$　　$\therefore a = 3$

$\therefore a - b = 4$

4 정사각형의 한 변의 길이가 6이므로 $\overline{BC} = 6$
점 P의 y좌표를 b라 하면

(△PBC의 넓이) $= \dfrac{1}{2} \times 6 \times b = 3b$

(□ABCD의 넓이) $= 6 \times 6 = 36$, $3b = 36$　　$\therefore b = 12$
점 A$(2, 6)$, 점 C$(8, 0)$이므로 두 점 A, C를 지나는 직선을
그래프로 하는 식은 $y = -x + 8$

$\therefore 12=-x+8,\ x=-4$

$\therefore$ 점 P의 좌표는 $(-4,\ 12)$

응용 문제 03   99쪽

예제 ③ $-3,\ -3,\ 5,\ 2,\ 4,\ 2,\ 4,\ -3,\ 4,\ \dfrac{3}{4}\ /\ y=\dfrac{3}{4}x-3$

1 -8 **2** $y=-x-3$ **3** -14 **4** $y=\dfrac{14}{9}x+3$

1 점 A는 $y=-2x+6$의 그래프 위에 있으므로

$4=-2x+6,\ x=1$ $\therefore$ A$(1,\ 4)$

점 B는 $y=\dfrac{1}{2}x-2$의 그래프 위에 있으므로

$y=\dfrac{1}{2}\times(-4)-2=-4$ $\therefore$ B$(-4,\ -4)$

$y=ax+b$는 두 점 A와 B를 지나므로 기울기는

$a=\dfrac{4-(-4)}{1-(-4)}=\dfrac{8}{5}$

일차함수 $y=\dfrac{8}{5}x+b$에서 점 A$(1,\ 4)$를 대입하면

$4=\dfrac{8}{5}+b$ $\therefore b=\dfrac{12}{5}$

$\therefore 10(a-b)=10\left(\dfrac{8}{5}-\dfrac{12}{5}\right)=-8$

2 A$(a,\ 3a)$라 하면 $\overline{AB}=\overline{CD}$이므로 $\overline{AB}=\overline{CD}=3a$

따라서 점 C의 x좌표가 $3a$이므로 C$(3a,\ a)$

직선 AC의 기울기는 $\dfrac{a-3a}{3a-a}=-1$

구하는 일차함수의 식을 $y=-x+b$라 하면

x절편이 -3이므로

$0=3+b$ $\therefore b=-3$

따라서 구하는 일차함수의 식은 $y=-x-3$

3 $f(p)-f(q)=3p-3q$에서 $\dfrac{f(p)-f(q)}{p-q}=3$

즉 일차함수 $y=f(x)$의 그래프의 기울기는 3이고,

두 점 $(2,\ 1),\ (-3,\ c)$를 지나므로

$\dfrac{c-1}{-3-2}=3,\ c-1=-15$ $\therefore c=-14$

4 (A의 넓이)$=3(6-a)$,

(B의 넓이)$=2(5-3)=4$

(A의 넓이)$=$(B의 넓이)이므로

$3(6-a)=4$

$\therefore a=\dfrac{14}{3}$

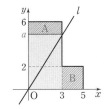

두 점 $(0,\ 0),\ \left(3,\ \dfrac{14}{3}\right)$를 지나는 직선 l의 기울기는 $\dfrac{14}{9}$

직선 m을 그래프로 하는 일차함수의 식을 $y=\dfrac{14}{9}x+n$이라

하고, $\left(\dfrac{9}{2},\ 10\right)$을 대입하면 $10=7+n$ $\therefore n=3$

따라서 구하려는 일차함수의 식은 $y=\dfrac{14}{9}x+3$

핵심 문제 04   100쪽

1 $y=3x+7,\ 37$ cm   **2** 505.5 m

3 (1) $y=7300+280.5x$ (2) 76720원   (3) 200 kWh

4 23개

1 x가 2만큼 증가함에 따라 y는 6만큼 증가하므로 x가 1만큼

증가하면 y는 3만큼 증가한다.

이때 x와 y 사이의 관계식을 $y=3x+b$라 하면

$x=0$일 때 $y=7$이므로 $b=7$이다.

따라서 구하는 관계식은 $y=3x+7$이다.

추의 무게 $x=10$일 때, 용수철의 늘어난 길이를 구하면

$f(10)=3\times10+7=37$이다.

2 기온이 $x\,^{\circ}$C일 때의 소리의 속력을 초속 y m라 하면

$y=0.6x+331$

기온이 $10\,^{\circ}$C일 때의 소리의 속력은

$0.6\times10+331=337$(m/s)

소리를 지른 다음 메아리 소리를 들을 때까지 3초가 걸렸으므로

소리가 산 정상에서 절벽까지 도달하는 데는 1.5초가 걸렸다.

따라서 산 정상과 절벽 사이의 거리는

$337\times1.5=505.5$(m)

3 (2) $1600+187.8\times400=76720$(원)

(3) $910+93.2\times x=19550$

$\therefore x=200$

4 육각형을 x개 만들었을 때의 새로운 도형의 둘레의 길이를

y cm라 하면

$y=9\times2+6\times4\times x=18+24x$

$570=18+24x$

$24x=552$

$\therefore x=23$

따라서 만들어진 정육면체는 23개이다.

101쪽

응용 문제 04

예제 ④ 30, 30, 210, 0.5, 6, 5.5, 20, 20/7시 20분

1 $a=\dfrac{9}{5}$, $b=32$, $c=77$　　**2** 240 L　　**3** 6시 16분

4 $\begin{cases} y=50x & (0<x\le6) \\ y=300 & (6<x<10) \\ y=800-50x & (10\le x<16) \end{cases}$

1 $x=0$일 때 $y=32$이고, $x=100$일 때 $y=212$이므로

x, y 사이의 관계식은 $y=\dfrac{212-32}{100-0}x+32=\dfrac{9}{5}x+32$

$\therefore a=\dfrac{9}{5}$, $b=32$

또 $x=25$일 때, $y=\dfrac{9}{5}\times25+32=77$　　$\therefore c=77$

2 수리를 한 후에 x분 동안 물을 퍼냈다고 하고 물탱크에 원래 있던 물의 양을 y L라 하면

$y=2\times60+2\times(1+0.2)x=2.4x+120$

또, 양수기가 고장나지 않았다고 하면

$y=2(60+20+x-10)=2x+140$

$2.4x+120=2x+140$에서 $0.4x=20$이므로 $x=50$

따라서 $y=100+140=240$이므로 물탱크에 원래 있던 물의 양은 240 L이다.

3 정민이와 지성이가 이동한 시간을 각각 x시간, $\left(x-\dfrac{1}{6}\right)$시간 이라 하고 이동한 거리를 각각 y km, y' km라 하면

$y=6x$, $y'=24\left(x-\dfrac{1}{6}\right)$

(정민이가 이동한 거리)+(지성이가 이동한 거리)

$=4$ km이므로

$6x+24x-4=4$

$x=\dfrac{4}{15}$(시간)$=\dfrac{4}{15}\times60=16$(분)

따라서 처음 만나는 시각은 6시 16분이다.

4 (i) 점 P가 $\overline{BC}$ 위에 있을 경우

　　$y=\dfrac{1}{2}\times5x\times20=50x\ (0<x\le6)$

(ii) 점 P가 $\overline{CD}$ 위에 있을 경우

　　$y=\dfrac{1}{2}\times30\times20=300\ (6<x<10)$

(iii) 점 P가 $\overline{AD}$ 위에 있을 경우

　　$y=\dfrac{1}{2}\times(80-5x)\times20=800-50x\ (10\le x<16)$

심화 문제

102~107쪽

01 제2사분면　　**02** $a=5$, $b=4$　　**03** 8

04 $-\dfrac{11}{3}\le a+b\le\dfrac{7}{3}$　　**05** $\dfrac{7}{2}$　　**06** 제1사분면

07 $x\ne7$인 모든 실수　　**08** $-\dfrac{1}{2}\le a<0$ 또는 $0<a\le\dfrac{1}{3}$

09 $\dfrac{25}{12}$　　**10** 14　　**11** 254　　**12** $\left(7,\ \dfrac{14}{3}\right)$　　**13** $a\ge1$

14 풀이 참조　　**15** $y=\dfrac{2}{3}x+1$　　**16** 5　　**17** 19　　**18** 10

01 $a<0$이면 두 그래프의 기울기와
y절편이 모두 음수가 되므로 교점이
제1사분면에 올 수가 없다.
$\therefore a>0$
따라서 $y=ax-a$의 그래프는 오른쪽 그림과 같으므로
제2사분면을 지나지 않는다.

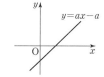

02 $f(-1)=-1$이므로 $f(x+2)-f(x)=10$에 $x=-1$을 대입하면

$f(-1+2)-f(-1)=10$, $f(1)-f(-1)=10$

$\therefore f(1)=9$

따라서 $f(x)=ax+b$는 두 점 $(-1,\ -1)$, $(1,\ 9)$를 지나므로

$a=\dfrac{9-(-1)}{1-(-1)}=5$

$f(x)=5x+b$에 $(-1,\ -1)$을 대입하면

$-1=5\times(-1)+b$　　$\therefore b=4$

03 점 A의 x좌표를 a, 점 C의 y좌표를 b라 하면

A$(a,\ 2a)$, C$(2b,\ b)$이고, B$(a,\ b)$, D$(2b,\ 2a)$이다.

$\therefore \overline{AD}=2b-a$, $\overline{CD}=2a-b$

□ABCD는 정사각형이므로 $2b-a=2a-b$

따라서 $b=a$이므로 정사각형의 한 변의 길이는 a이고,

$a^2=16$이므로 $a=4$, $b=4$

$\therefore a+b=4+4=8$

04 $y=ax$가 점 A$(3,\ 4)$를 지날 때 $a=\dfrac{4}{3}$,

점 B$(2,\ 1)$을 지날 때 $a=\dfrac{1}{2}$,

점 C$(6,\ 2)$를 지날 때 $a=\dfrac{1}{3}$이므로

$\dfrac{1}{3}\le a\le\dfrac{4}{3}$

$y=x+b$가 점 A$(3,\ 4)$를 지날 때 $b=1$,

B$(2,\ 1)$를 지날 때 $b=-1$,

C(6, 2)를 지날 때 $b=-4$이므로

$$-4 \le b \le 1$$

$$\therefore -\frac{11}{3} \le a+b \le \frac{7}{3}$$

05 $y=-\frac{1}{2}x+3$의 그래프의 기울기가 음수이므로

$$-\frac{1}{2} \times 5+3 < y \le -\frac{1}{2} \times (-2)+3$$

$$\therefore 5 \times \left(-\frac{1}{2}\right)+3 < y \le -2 \times \left(-\frac{1}{2}\right)+3$$

따라서 $a=-\frac{1}{2}$, $b=3$이므로 $b-a=3-\left(-\frac{1}{2}\right)=\frac{7}{2}$

06 $ax+b=bx+a$에서 $(a-b)x=a-b$

$$\therefore x=\frac{a-b}{a-b}=1(\because a \ne b)$$

따라서 교점의 좌표는 $(1, a+b)$이고, 이것이 제1사분면에
있으므로 $a+b>0$

그런데 $ab>0$이므로 $a>0$, $b>0$

따라서 점 (a, b)는 제1사분면에 있다.

07 $f(x)=ax+b$라 하면

$$\frac{(ax+b)-(7a+b)}{x-7}=\frac{(9a+b)-(7a+b)}{9-7}$$

$$=\frac{ax-7a}{x-7}=a$$

따라서 $x \ne 7$인 모든 실수이다.

08 $y=ax$가 점 C를 지날 때, $y=\frac{1}{3}x$이고 $\overline{AD}$와 만난다.

점 B를 지날 때, $y=-x$이고 $\overline{AD}$와 만나지 않는다.

점 D를 지날 때, $y=-\frac{1}{2}x$이고 $\overline{BC}$와 만난다.

$$\therefore -\frac{1}{2} \le a < 0 \text{ 또는 } 0 < a \le \frac{1}{3} (\because y=ax는 일차함수)$$

09 일차함수 $y=-\frac{1}{2}x+2$의 그래프가 x축과 만나는 점을
A(4, 0), y축과 만나는 점을 B(0, 2)라 하면 $y=ax$는 선분
AB의 중점 (2, 1)을 지나므로 $1=2a$에서 $a=\frac{1}{2}$

$$\therefore y=a^2x+\frac{a}{2}=\frac{1}{4}x+\frac{1}{4}$$

따라서 두 직선의 그래프를 그
리면 오른쪽과 같고, 교점은
$\left(\frac{7}{3}, \frac{5}{6}\right)$이므로 넓이는

$$\frac{1}{2} \times 5 \times \frac{5}{6}=\frac{25}{12}$$

10 $f(-y)=7$이므로

$$f(-y)=f\left(3\left(-\frac{1}{3}y\right)\right)=-5 \times \left(-\frac{1}{3}y\right)+4=\frac{5}{3}y+4=7$$

$$\therefore y=\frac{9}{5}$$

따라서 $a=9$, $b=5$이므로 $a+b=9+5=14$

11 일차함수 $y=\frac{3}{4}x+\frac{1}{2}$의 그래프 위의 점 중 y좌표가 자연수

가 되려면 x좌표는 4로 나누어 2가 남는 수이어야 하므로
$x=4n-2(n=1, 2, 3, \cdots)$의 꼴이다.

51번째 점의 x좌표는 $x=4 \times 51-2=202$이므로

$$y=\frac{3}{4} \times 202+\frac{1}{2}=152$$

일차함수 $y=\frac{1}{3}(x+k)$의 그래프는 점 (202, 152)를

지나므로 $152=\frac{1}{3}(202+k)$ $\therefore k=254$

12 직선 l을 그래프로 갖는 일차함수의 식을 $y=-\frac{1}{3}x+b$라

하고, 점 P의 좌표를 $\left(a, \frac{2}{3}a\right)$라 하면

$$\frac{2}{3}a=-\frac{1}{3}a+b에서 b=a \quad \therefore y=-\frac{1}{3}x+a$$

점 Q의 좌표는 $0=-\frac{1}{3}x+a$에서 $x=3a$이므로 $(3a, 0)$

따라서 △POQ의 넓이는 $\frac{1}{2} \times 3a \times \frac{2a}{3}=a^2=49$이므로

$a=7$이고, 점 P의 좌표는 $\left(7, \frac{14}{3}\right)$이다.

13 제1사분면을 지나지 않으려면 (기울기)<0, (y절편)≤ 0이므로
$y=-(a+1)x-(3a-3)$에서

$$-(a+1)<0, a+1>0 \quad \therefore a>-1$$

$$-(3a-3) \le 0, 3a-3 \ge 0 \quad \therefore a \ge 1$$

$$\therefore a \ge 1$$

14 (ⅰ) 점 P가 선분 AB 위를 움직일 때,

$$y=\frac{1}{2} \times 12 \times 2x=12x(0<x \le 6)$$

(ⅱ) 점 P가 선분 CD 위를 움직일 때,

$$y=\frac{1}{2} \times 12 \times \{12-2(x-9)\}$$

$$=-12x+180(9 \le x \le 12)$$

(ⅲ) 점 P가 선분 EF 위를 움직일 때,

$$y=\frac{1}{2} \times 12 \times \{6-2(x-15)\}$$

$$=-12x+216(15 \le x < 18)$$

15 $y=\dfrac{27-5x}{4}$이므로 $27-5x$는 4의 배수이다.

또한 $x>0$, $\dfrac{27-5x}{4}>0$이므로 $0<x<\dfrac{27}{5}$이다.

이를 만족하는 $x=3$, $y=3$이므로 B(3, 3)이다.

점 A와 점 B를 지나는 직선의 기울기는 $\dfrac{2}{3}$이고, y절편이

1이므로 구하려는 일차함수의 식은 $y=\dfrac{2}{3}x+1$

16 $A(1, a+3)$, $B\left(\dfrac{1}{a+3}, 1\right)$, $C(1, a)$, $D\left(\dfrac{1}{a}, 1\right)$이므로

$\triangle EDA=\dfrac{1}{2}(a+2)\times\left(\dfrac{1}{a}-1\right)=\dfrac{(a+2)(1-a)}{2a}$

$\triangle EBC=\dfrac{1}{2}\left(1-\dfrac{1}{a+3}\right)\times(1-a)=\dfrac{(a+2)(1-a)}{2(a+3)}$

따라서 $\dfrac{\triangle EDA}{\triangle EBC}=\dfrac{(a+2)(1-a)}{2a}\times\dfrac{2(a+3)}{(a+2)(1-a)}=13$

$\dfrac{a+3}{a}=13$ $\therefore a=\dfrac{1}{4}=\dfrac{p}{q}$

$\therefore p+q=5$

17 $x=1$, $y=0$을 대입하면

$f(1)f(0)=f(1)+f(1)=2f(1)$ $\therefore f(0)=2$

$x=1$, $y=1$을 대입하면 $f(1)f(1)=f(2)+f(0)$

$3\times 3=f(2)+2$ $\therefore f(2)=7$

$\therefore 3f(0)+2f(1)+f(2)=3\times 2+2\times 3+7$

$=19$

18 직선 $y=ax+b$는 직선 OA에 평행하다.

주어진 직선이 y축과 만나는 점을 Q라고 하면, $\triangle OAQ$의 넓이는 60 이다.

점 Q의 y좌표는 b이므로

$\dfrac{1}{2}\times b\times 6=60$

$\therefore b=20$

또, $a=\dfrac{3}{6}=\dfrac{1}{2}$

$\therefore ab=\dfrac{1}{2}\times 20=10$

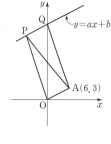

최상위 문제
108~113쪽

01 83　　**02** 66　　**03** $\dfrac{1}{27}$　　**04** $\dfrac{17}{5}$

05 16　　**06** 27 : 25　　**07** 3　　**08** 0

09 $\dfrac{5}{2}$　　**10** $\dfrac{48}{19}$　　**11** 4　　**12** 151

13 $a=2$　　**14** 40　　**15** 42　　**16** $\dfrac{45}{7}$

17 63　　**18** 4개

01 두 점 $(0, 4)$, $(5, 2)$를 지나는 일차함수의 그래프의 식은

$y=-\dfrac{2}{5}x+4$이므로 ⓒ의 식이다.

$\therefore c=-\dfrac{2}{5}$, $d=4$

점 $(0, 4)$를 지나는 다른 한 직선은 y절편이 4이므로 ㉠이다.

즉 $3a=4$이므로 $a=\dfrac{4}{3}$

점 $(5, 2)$를 지나는 다른 한 직선은 ⓛ이 된다.

즉 $2=5b-1$이므로 $b=\dfrac{3}{5}$

$\therefore 15(a+b+c+d)=15\left(\dfrac{4}{3}+\dfrac{3}{5}-\dfrac{2}{5}+4\right)=83$

02 $f(x)=\begin{cases}3 & (x\le 3)\\ f(x-1)+f(x-2)+f(x-3) & (x\ge 4)\end{cases}$

$f(1)=f(2)=f(3)=3$

$f(4)=f(3)+f(2)+f(1)=3+3+3=9$

$f(5)=f(4)+f(3)+f(2)=9+3+3=15$

$f(6)=f(5)+f(4)+f(3)=15+9+3=27$

$f(7)=f(6)+f(5)+f(4)=27+15+9=51$

$\therefore f(5)+f(7)=15+51=66$

03 ⓒ에 $x=y=0$을 대입하면 $f(0)=f(0)\times f(0)$이고,

㉠에서 $f(0)>0$이므로 $f(0)=1$

$x=1$, $y=-1$을 대입하면 $f(0)=f(1)\times f(-1)$,

$1=3\times f(-1)$ $\therefore f(-1)=\dfrac{1}{3}$

$x=-1$, $y=-1$을 대입하면

$f(-2)=f(-1)\times f(-1)=\dfrac{1}{3}\times\dfrac{1}{3}=\dfrac{1}{9}$

$x=-2$, $y=-1$을 대입하면

$f(-3)=f(-2)\times f(-1)=\dfrac{1}{9}\times\dfrac{1}{3}=\dfrac{1}{27}$

04 일차함수 $y=3x-2$와 $y=-2x+7$이 만나는 교점의 좌표를 구하면

$3x-2=-2x+7$, $5x=9$

$$\therefore x=\frac{9}{5},\ y=\frac{17}{5}$$

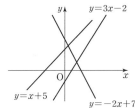

$$f(x)=\begin{cases}3x-2\left(x<\dfrac{9}{5}\right)\\-2x+7\left(x\geq\dfrac{9}{5}\right)\end{cases}$$

따라서 $f(x)$의 최댓값은 $f\left(\dfrac{9}{5}\right)=\dfrac{17}{5}$이다.

05 세 점이 일직선 위에 있지 않아야 세 점을 이어 삼각형을 만들 수 있다.

세 점 중 두 점 $(-3,\,2)$, $(5,\,18)$을 지나는 일차함수의 그래프의 식을 $y=mx+n$이라 하면

(기울기)$=\dfrac{18-2}{5-(-3)}=2$이다.

일차함수 $y=2x+n$에 점 $(-3,\,2)$를 대입하면

$2=2\times(-3)+n$ $\therefore n=8$

일차함수의 식은 $y=2x+8$이다.

이 식이 점 $(4,\,a)$를 지나지 않아야 하므로

$\therefore a\neq2\times4+8=16$

$\therefore k\neq16$

06 ㉡의 그래프는 점 $(0,\,-2)$를 지나고,
㉠의 그래프는 점 $(8,\,0)$을 지나므로

$a=-\dfrac{1}{2},\ b=-5$

$\therefore ㉠:y=-\dfrac{1}{2}x+4,\ ㉡:y=\dfrac{3}{2}x-2$

$S_1=\dfrac{1}{2}\times\{4-(-2)\}\times3=9$

$S_2=\dfrac{1}{2}\times\left(8-\dfrac{4}{3}\right)\times\dfrac{5}{2}=\dfrac{25}{3}$

$\therefore S_1:S_2=9:\dfrac{25}{3}=27:25$

07 일차함수의 식을 구하면 직선 l은 $y=x+2$,

직선 m은 $y=-x+4$, n은 $y=-\dfrac{1}{2}x+2$이다.

l의 x절편을 P라 하면 $\triangle ABC=\triangle APC-\triangle BPC$이다.

점 A의 좌표는 직선 l과 m의 교점이므로

$x+2=-x+4,\ 2x=2$ $\therefore x=1,\ y=3$ $\therefore A(1,\,3)$

따라서 $\triangle ABC$의 넓이는 $\dfrac{1}{2}\times6\times3-\dfrac{1}{2}\times6\times2=9-6=3$

08 점 A와 y축에 대하여 대칭
인 점을 $A'(3,\,6)$
점 B와 x축에 대하여 대칭
인 점을 $B'(-5,\,-2)$

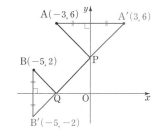

$\overline{AP}=\overline{A'P},\ \overline{BQ}=\overline{B'Q}$
이고
$\overline{AP}+\overline{PQ}+\overline{QB}$
$=\overline{A'P}+\overline{PQ}+\overline{B'Q}\geq\overline{A'B'}$

그런데 $\overline{AB}+\overline{PQ}+\overline{QB}$의 길이가 최소가 되려면 두 점 P, Q가 $\overline{A'B'}$ 위에 있어야 한다.

두 점 $A'(3,\,6)$, $B'(-5,\,-2)$를 지나는 직선의 일차함수의 식은 $y=x+3$이다.

따라서 $P(0,\,3)$, $Q(-3,\,0)$이므로 $a=3$, $b=-3$

$\therefore a+b=0$

09 두 점 D, E의 좌표는 각각 $D\left(0,\,\dfrac{7}{4}\right)$, $E\left(a,\,a^2+\dfrac{7}{4}\right)$이다.

(사각형 OABC의 넓이)$=8a$

(사각형 OAED의 넓이)

$=\dfrac{1}{2}\times\left\{\dfrac{7}{4}+\left(a^2+\dfrac{7}{4}\right)\right\}\times a=\dfrac{1}{2}a\left(a^2+\dfrac{7}{2}\right)$

따라서 사각형 OAED의 넓이는

$\dfrac{3}{8}\times$(사각형 OABC의 넓이)와 같으므로

$\dfrac{1}{2}a\left(a^2+\dfrac{7}{2}\right)=\dfrac{3}{8}\times8a,\ a^2+\dfrac{7}{2}=6(\because a\neq0)$

$\therefore a^2=\dfrac{5}{2}$

10 점 $B(b,\,0)$, 점 $C(c,\,0)$라 하고, 직선 m을 그래프로 갖는 일차함수의 식을 $y=ax$라 하면

$\overline{AB}=ab$

또한 □ABCD$=8\triangle OAB$에서 $(ab)^2=4ab^2$이므로

$a=4$

따라서 두 점 A와 D의 좌표는 $A(b,\,4b)$, $D(c,\,4b)$이다.

직선 l을 그래프로 갖는 일차함수의 식은 $y=-3x+12$이고 점 D는 직선 l 위에 있으므로

$4b=-3c+12,\ c=4-\dfrac{4b}{3}$

따라서 $\overline{AB}=\overline{BC}$이므로 $4b=\left(4-\dfrac{4b}{3}\right)-b$

$\therefore b=\dfrac{12}{19}$

그러므로 정사각형 ABCD의 한 변의 길이는

$\dfrac{12}{19}\times4=\dfrac{48}{19}$이다.

11 $2 \leq f(1) \leq 4$, $3 \leq f(2) \leq 5$이므로

$y = f(x)$의 그래프의 기울기가 최소

가 되려면 그 그래프가 오른쪽 그림

과 같이 두 점 $(1, 4)$, $(2, 3)$을 지

나야 한다.

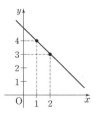

즉 (기울기) $= \dfrac{3-4}{2-1} = -1$이므로

$a = -1$

따라서 $y = -x + b$의 그래프가 $(1, 4)$를 지나므로

$4 = -1 + b$ $\therefore b = 5$

$\therefore a + b = -1 + 5 = 4$

12 $n = 1$일 때, 조건 (iii)에서 $f(2) = f(1) - 1$이고

(i)에서 $f(1) + f(2) = 3$이므로 $f(1) = 2$이다. $\therefore f(2) = 1$

$n = 2$일 때 $f(2) - f(3) = -3$에서 $f(3) = 4$

$n = 3$일 때 $f(3) - f(4) = 1$에서 $f(4) = 3$

$n = 4$일 때 $f(4) - f(5) = -3$에서 $f(5) = 6$

$n = 5$일 때 $f(5) - f(6) = 1$에서 $f(6) = 5$

$\vdots \qquad\qquad \vdots \qquad\qquad \vdots$

따라서 n이 짝수일 때 $f(n) = n - 1$이고

n이 홀수일 때 $f(n) = n + 1$의 규칙을 갖는다.

따라서 $f(25) + f(50) + f(75) = 26 + 49 + 76 = 151$

13 $f(x+2) + f(3x-10) < 0$에서 $f(x+2) < -f(3x-10)$

조건 (나)에 의하여 $f(x+2) < f(10-3x)$

조건 (가)에 의하여

(i) $x + 2 < 10 - 3x$이면 $f(x+2) > f(10-3x)$가 되어 모순

(ii) $x + 2 < 10 - 3x$이면 $f(x+2) < f(10-3x)$가 되어 성립

  $\therefore x > 2$

(iii) $x + 2 = 10 - 3x$이면 $x = 2$가 되는 데, 주어진 조건식에 대

  입하면 $f(4) + f(-4) < 0$이고 $f(4) < -f(-4)$,

  $f(4) < f(4)$이므로 모순

따라서 x의 값의 범위는 $x > 2$이므로 $k = 2$이다.

14 직선 l의 방정식은 $2x - y + 40 = 0$

직선 m의 방정식은 $4x - y = 0$

두 식을 연립하여 풀면 $x = 20$, $y = 80$

따라서 $P(20, 80)$

(삼각형 OPQ) = (삼각형 PRS)이어야 하므로

(사각형 OTSQ) = (삼각형 OTR)

$\dfrac{1}{2} \times \{40 + (2k+40)\} \times k = \dfrac{1}{2} \times k \times 4k$

$80 + 2k = 4k$, $2k = 80$ $\therefore k = 40$

15 직선 l의 방정식은 $x + y - 10 = 0$

직선 m의 방정식은 $x - 2y + 8 = 0$

두 방정식을 연립하여 풀면 $x = 4$, $y = 6$

또, 직선 $y = 1$과 직선 l의 교점의 좌표는 $(9, 1)$이다.

오른쪽 그림과 같은 회전체의 부피를 구하면

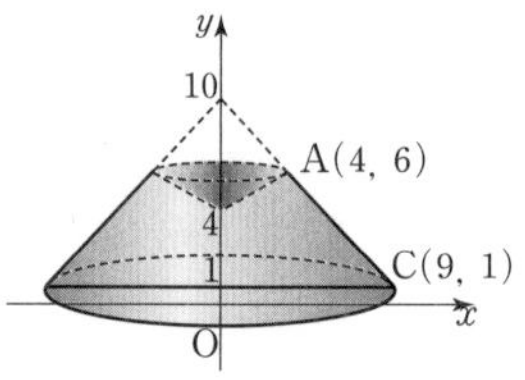

$V = \dfrac{1}{3} \times \pi \times 9^2 \times 9$

$\qquad - \dfrac{1}{3} \times \pi \times 4^2 \times 4$

$\qquad - \dfrac{1}{3} \times \pi \times 4^2 \times 2$

$\quad = \dfrac{1}{3} \times \pi \times (729 - 64 - 32)$

$\quad = 211\pi$

$\therefore \dfrac{V - \pi}{5\pi} = 42$

16 $A(0, 6)$, $B(0, 4)$, $C(2, 0)$, $D(8, 0)$이므로

$\square ABCD = \triangle AOD - \triangle BOC$

$\qquad\qquad = \dfrac{1}{2} \times 8 \times 6 - \dfrac{1}{2} \times 2 \times 4 = 20$

점 P의 y좌표를 k라 하면 $\triangle PCD = 10$이므로

$\dfrac{1}{2} \times 6 \times k = 10$에서 $k = \dfrac{10}{3}$

$y = \dfrac{10}{3}$을 $y = -\dfrac{3}{4}x + 6$에 대입하면

$\dfrac{10}{3} = -\dfrac{3}{4}x + 6$에서 $x = \dfrac{32}{9}$ $\therefore P\left(\dfrac{32}{9}, \dfrac{10}{3}\right)$

두 점 C, P를 지나는 직선의 방정식은

$(기울기) = \dfrac{\dfrac{10}{3} - 0}{\dfrac{32}{9} - 2} = \dfrac{30}{32-18} = \dfrac{30}{14} = \dfrac{15}{7}$이므로

$y = \dfrac{15}{7}(x - 2) = \dfrac{15}{7}x - \dfrac{30}{7}$

따라서 $a = \dfrac{15}{7}$, $b = -\dfrac{30}{7}$이므로

$a - b = \dfrac{15}{7} - \left(-\dfrac{30}{7}\right) = \dfrac{45}{7}$

17 점 $A(5, 3)$, 점 $B(a, b)$, 점 $C(t, 0)$이라 하면

$m = \dfrac{3-0}{5-t} = \dfrac{3}{5-t}$, $n = \dfrac{b-0}{a-t} = \dfrac{b}{a-t}$(단, $t \neq 5$, $a \neq t$)

$\dfrac{1}{n} - \dfrac{1}{m} = \dfrac{a-t}{b} - \dfrac{5-t}{3} = \left(\dfrac{a}{b} - \dfrac{5}{3}\right) + t\left(\dfrac{1}{3} - \dfrac{1}{b}\right)$

문제의 조건에서 $\dfrac{a}{b} - \dfrac{5}{3} + t\left(\dfrac{1}{3} - \dfrac{1}{b}\right) = \dfrac{1}{3}$(단, $t \neq 5$, $a \neq t$)

위의 식이 임의의 t(단, $t \neq 5$, $a \neq t$)에 대하여 성립해야 하므로

$\dfrac{a}{b} - \dfrac{5}{3} = \dfrac{1}{3}$, $\dfrac{1}{3} - \dfrac{1}{b} = 0$

$\dfrac{1}{3}-\dfrac{1}{b}=0$에서 $b=3$, $\dfrac{a}{3}-\dfrac{5}{3}=\dfrac{1}{3}$에서 $a=6$

$\therefore 10a+b=63$

18 $y=\dfrac{3}{4}x+3$ 그래프의 x절편은

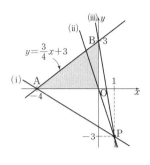

-4, y절편은 3이므로

A$(-4, 0)$, B$(0, 3)$이고,

$y=a(x-1)-3$의 그래프는

P$(1, -3)$을 지난다.

$y=a(x-1)-3$의 그래프가

(i) 두 점 P, A를 지날 때

$\quad x=-4$, $y=0$을 $y=a(x-1)-3$에 대입하면 $a=-\dfrac{3}{5}$

(ii) 두 점 P, O를 지날 때

$\quad x=0$, $y=0$을 $y=a(x-1)-3$에 대입하면 $a=-3$

(iii) 두 점 P, B를 지날 때

$\quad x=0$, $y=3$을 $y=a(x-1)-3$에 대입하면 $a=-6$

(i), (ii), (iii)에 의해 $y=a(x-1)-3$의 그래프가 $\triangle$OAB를

삼각형과 사각형으로 나누어지게 하는 a의 값의 범위는

$-3<a<-\dfrac{3}{5}$ 또는 $-6<a<-3$이다.

따라서 구하는 정수 a의 값은 -1, -2, -4, -5의 4개

이다.

2 일차함수와 일차방정식의 그래프

핵심 문제 01　114쪽

1 ③, ④　**2** 3　**3** $a=-1$, $b=-\dfrac{1}{3}$　**4** ㄱ, ㄷ

1 $3x-6y-12=0$을 y에 대하여 풀면 $y=\dfrac{1}{2}x-2$

① 점 $(-2, -3)$을 지난다.

③ x절편은 4, y절편은 -2이므로 그래프는 제2사분면을 지

　나지 않는다.

④ $y=\dfrac{1}{2}x-2$와 $y=-\dfrac{3}{4}x+3$의 x절편이 4로 같으므로

　x축 위에서 만난다.

⑤ $4y+2x-1=0 \Rightarrow y=-\dfrac{1}{2}x+\dfrac{1}{4}$에서 기울기가 $-\dfrac{1}{2}$이

　므로 평행하지 않다.

2 방정식 $x=2$의 그래프와 평행한 직선이므로 주어진 방정식은

$x=k$의 꼴이다.

그런데 점 $(-2, 1)$을 지나므로 $x=-2$이고 양변에 3을 곱

하면 $3x+0\cdot y+6=0$

즉, $-2a=3$, $b=0$이므로 $a=-\dfrac{3}{2}$, $b=0$

$\therefore b-2a=3$

3 $(a+1)x-by-1=0$의 그래프가 직선 $y=-1$과 평행하므로

$a+1=0 \quad \therefore a=-1$

$-by-1=0$에서 $y=-\dfrac{1}{b}$이고, 이 그래프가 점 $(4, 3)$을 지

나므로 $-\dfrac{1}{b}=3 \quad \therefore b=-\dfrac{1}{3}$

4 ㄱ. $a=0$, $b\neq0$, $c\neq0$이면 $y=-\dfrac{c}{b}$이므로 x축과 평행하다.

ㄷ. $a>0$, $b<0$이면 $y=-\dfrac{a}{b}x-\dfrac{c}{b}$에서 $-\dfrac{a}{b}>0$이므로

　그래프는 x의 값이 증가할 때, y의 값도 증가한다.

ㄹ. $a<0$, $b>0$, $c>0$이면 $y=-\dfrac{a}{b}x-\dfrac{c}{b}$에서 $-\dfrac{a}{b}>0$,

　$-\dfrac{c}{b}<0$이므로 그래프는 제2사분면을 지나지 않는다.

응용 문제 01　115쪽

예제 ① $\dfrac{12}{b}$, $\dfrac{3}{2}$, 3, $\dfrac{3}{2}$, 3, 6, -4, -10 / -10

1 $y=\dfrac{1}{2}x+4$　**2** $(-5, 2)$　**3** $\dfrac{16}{25}$　**4** 제3사분면

1 $4x-2y+7=0$에서 $y=2x+\dfrac{7}{2}$

x축에 대하여 대칭인 직선의 방정식을 구하면

$y=-2x-\dfrac{7}{2} \cdots$ ㉠

㉠에 수직인 직선의 기울기를 m이라 하면

$-2m=-1 \quad \therefore m=\dfrac{1}{2}$

㉠에 수직인 직선의 y절편을 n이라 하면

$y=\dfrac{1}{2}x+n$에 $(2, 5)$를 대입하여 풀면 $n=4$

$\therefore y=\dfrac{1}{2}x+4$

2 $\dfrac{a-7}{3}=\dfrac{-7b+3}{5}$ 에서 $5a+21b=44$ … ㉠

$\dfrac{b-a}{6}=\dfrac{a+3b}{2}$ 에서 $a=-2b$ … ㉡

㉠, ㉡을 연립하여 풀면 $a=-8$, $b=4$

따라서 두 직선 l, m의 교점의 좌표는

$\left(\dfrac{a-7}{3},\ \dfrac{b-a}{6}\right)=(-5,\ 2)$

3 오른쪽 그림에서 정사각형의
가로, 세로의 길이가 같으므로

$a=\dfrac{4-a}{2}-a$, $5a=4$, $a=\dfrac{4}{5}$

따라서 한 변의 길이가 $\dfrac{4}{5}$ 이므로

넓이는 $\dfrac{16}{25}$ 이다.

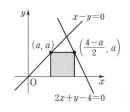

4 $ax-by+c=0$ 에서 $y=\dfrac{a}{b}x+\dfrac{c}{b}$

주어진 그래프에서 (기울기)<0, (y절편)>0이므로

$\dfrac{a}{b}<0$, $\dfrac{c}{b}>0$

즉, a와 b는 부호가 다르고 b와 c는 부호가 같으므로
a와 c는 부호가 다르다.

$cx-ay-b=0$ 에서 $y=\dfrac{c}{a}x-\dfrac{b}{a}$

주어진 그래프에서 (기울기)$=\dfrac{c}{a}<0$, (y절편)$=-\dfrac{b}{a}>0$

따라서 방정식 $cx-ay-b=0$의 그래프가 지나지 않는 사분
면은 제3사분면이다.

핵심 문제 02   116쪽

1 $x=4$, $y=-3$ **2** -45

3 (1) $(3b-18,\ 2b-9)$ (2) $\left(-3,\ -\dfrac{1}{a}\right)$ (3) 12

1 $y=-\dfrac{2}{3}x+\dfrac{b}{2}$, $6y=-4x+3b$, $4x+6y=3b$의 그래프가

$4x+ay=9$의 그래프와 일치하므로 $a=6$, $b=3$이다.
이때 두 일차방정식 $6x+3y=15$, $2x+3y=-1$을
연립하여 풀면 $x=4$, $y=-3$

2 $\dfrac{3}{a}=\dfrac{-2}{3}\neq\dfrac{4}{2b}$ 에서 $a=-\dfrac{9}{2}$, $b\neq-3$

직선 $ax+4y+3b=0$이 점 $(4,\ -3)$을 지나므로

$4a-12+3b=0$

그런데 $a=-\dfrac{9}{2}$ 이므로 $-18-12+3b=0$

$\therefore b=10$

$\therefore ab=\left(-\dfrac{9}{2}\right)\times10=-45$

3 (1) 직선 $2x-3y=-9$, $-x+2y=b$의 교점을 구하면
$(3b-18,\ 2b-9)$이다.

(2) 두 직선 $3x-ay+8=0$, $2x+ay+7=0$의 교점을 구하면
$\left(-3,\ -\dfrac{1}{a}\right)$이다.

(3) 네 직선이 한 점에서 만나므로

$\left(-3,\ -\dfrac{1}{a}\right)=(3b-18,\ 2b-9)$

$-3=3b-18$ $\quad\therefore b=5$

$-\dfrac{1}{a}=2b-9$, $-\dfrac{1}{a}=1$ $\quad\therefore a=-1$

따라서 $2b-2a=2\times5-2\times(-1)=12$

응용 문제 02   117쪽

예제 **②** -7, $\dfrac{3}{7}$, 24, 80, 3, 10, -2, -2, 3, 10 /
$3x+y-10=0$

1 13 **2** ⑤   **3** 4 **4** $2, 3, 5$

1 $\begin{cases}(a+b+5)x-5y=a-7 & \cdots ㉠\\(-3a+2)x+5y=2b+11 & \cdots ㉡\end{cases}$ 에서

㉡$\times(-1)$을 하면 $\begin{cases}(a+b+5)x-5y=a-7\\(3a-2)x-5y=-2b-11\end{cases}$

위 연립방정식의 해가 무수히 많으므로

$\begin{cases}a+b+5=3a-2 & \cdots ㉢\\a-7=-2b-11 & \cdots ㉣\end{cases}$

㉢, ㉣을 연립하여 풀면 $a=2$, $b=-3$

$\therefore a^2+b^2=2^2+(-3)^2=13$

2 두 직선 $x+3y-6=0$,
$3x-y+2k=0$이

(i) 점 $(0,\ 2)$에서 만날 때
$3\times0-2+2k=0$ $\quad\therefore k=1$

(ii) 점 $(6,\ 0)$에서 만날 때
$3\times6-0+2k=0$ $\quad\therefore k=-9$

따라서 (i), (ii)에 의해 두 직선 교점이 제1사분면 위에 있기
위한 k의 값의 범위는 $-9<k<1$이다.

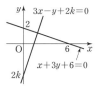

3 x축에 평행한 직선의 방정식은 $y=k$의 꼴이다. 오른쪽 그림에서 $y=k$의 그래프가 점 $A(-2, 2)$를 지날 때, $\overline{PQ}$는 최대가 된다.

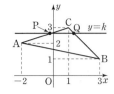

$\therefore k=2$

직선 BC의 방정식은 $y=-x+4$이므로 $y=2$를 대입하면 $2=-x+4$에서 $x=2$

따라서 $\overline{PQ}$의 최대 길이는 $2-(-2)=4$

4 세 직선이 삼각형을 이루지 않기 위해서는
(ⅰ) 세 직선이 한 점에서 만나는 경우
 $y=ax$가 $y=3x-2$와 $y=2x-3$의 교점 $(-1, -5)$를 지날 때이므로 $a=5$
(ⅱ) 다른 두 직선에 한 직선이 평행한 경우
 $y=ax$가 다른 두 직선에 평행할 때이므로
 $a=3$ 또는 $a=2$

2 $\triangle ABD$와 $\triangle ACD$의 높이가 같으므로 넓이의 비는 밑변 $\overline{BD}$와 $\overline{DC}$의 길이의 비와 같다.
$\overline{BD}:\overline{DC}=3:4$가 되게 하는 점 D의 좌표는 $(-2, 0)$이다.
따라서 직선 l은 점 $A(-5, 4)$, $D(-2, 0)$을 지나는 일차함수의 식이다.

$\therefore y=-\dfrac{4}{3}x-\dfrac{8}{3}$

3 4개의 직선을 그래프로 나타내면 오른쪽 그림과 같다.
이 사각형의 가로의 길이는 5이고, 세로의 길이는 $3a$이므로

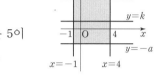

$5\times 3a=30$ $\therefore a=2$

이때 y축에 수직인 직선은 x축과 평행한 직선으로 $y=k$이다.
이 직선은 직사각형의 넓이를 이등분하므로 직선 $y=4$와 직선 $y=-2$의 중간을 지나는 직선의 방정식을 구하면 $y=1$이다.

핵심 문제 03　　　　118쪽

1 (1) $(2, 0)$ (2) $\dfrac{1}{2}$ (3) $-\dfrac{1}{3}$ **2** $y=-\dfrac{4}{3}x-\dfrac{8}{3}$ **3** $y=1$

1 (1) $y=ax-2a=a(x-2)$이므로 a에 관계없이 항상 점 $(2, 0)$을 지난다.

(2) 오른쪽 그림에서 점 A의 좌표를 $(k, 2)$라 하면

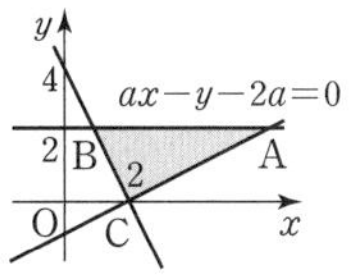

$2=ak-2a$ $\therefore k=\dfrac{2+2a}{a}$

$A\left(\dfrac{2+a}{a}, 2\right)$, $B(1, 2)$, $C(2, 0)$

$(\triangle ABC의 넓이)=\dfrac{1}{2}\times 2\times\left(\dfrac{2+2a}{a}-1\right)=\dfrac{2+a}{a}=5$

$2+a=5a$ $\therefore a=\dfrac{1}{2}$

(3) $A'\left(\dfrac{2+2a}{a}, 2\right)$, $B(1, 2)$, $C(2, 0)$

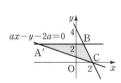

$(\triangle ABC의 넓이)$
$=\dfrac{1}{2}\times 2\times\left(1-\dfrac{2+2a}{a}\right)$
$=\dfrac{-a-2}{a}=5$

$-a-2=5a$ $\therefore a=-\dfrac{1}{3}$

응용 문제 03　　　　119쪽

예제 **3** -7, 3, $\dfrac{1}{2}$, $\dfrac{1}{2}$, -2, -2, 2, 3, $6 / y=3x+6$

1 75 **2** $\dfrac{35}{12}$ **3** $\dfrac{5}{2}$ **4** 16

1 $\overline{OP}=\dfrac{5}{2}\times 2=5$, $\overline{OR}=\dfrac{5}{2}\times 6=15$

$\overline{PQ}=\dfrac{15}{4}$, $\overline{RS}=\dfrac{45}{4}$

따라서 구하는 넓이는 $\dfrac{1}{2}\times\left(\dfrac{15}{4}+\dfrac{45}{4}\right)\times(15-5)=75$

2 오른쪽 그림에서 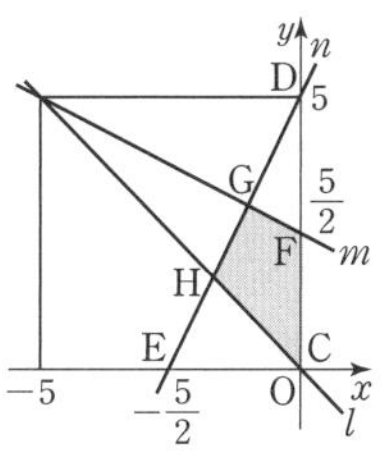
$l:y=-x$
$m:y=-\dfrac{1}{2}x+\dfrac{5}{2}$
$n:y=2x+5$
점 G는 직선 m과 n의 교점이므로 $G(-1, 3)$
점 H는 직선 l과 n의 교점이므로 $H\left(-\dfrac{5}{3}, \dfrac{5}{3}\right)$
$\square CFGH=\triangle DEC-\triangle DGF-\triangle HEC$

$=\dfrac{5}{2}\times 5\times\dfrac{1}{2}-\dfrac{5}{2}\times 1\times\dfrac{1}{2}-\dfrac{5}{2}\times\dfrac{5}{3}\times\dfrac{1}{2}=\dfrac{35}{12}$

3 직선 $y=ax+5$와 $x=3$과의 교점을 P,
$x=-1$과의 교점을 Q라 하면
P$(3, 3a+5)$, Q$(-1, -a+5)$
사다리꼴의 넓이는

$\dfrac{1}{2}\times 4\times(3a+5-a+5)=30$

$2a+10=15,\ 2a=5$ $\quad\therefore a=\dfrac{5}{2}$

4 세 직선으로 둘러싸인
도형은 오른쪽 그림과
같다.

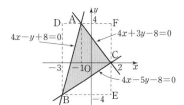

(도형의 넓이)
$=(\square$DBEF의 넓이$)$
$\quad-(\triangle$ADB의 넓이$)$
$\quad-(\triangle$BEC의 넓이$)$
$\quad-(\triangle$ACF의 넓이$)$
$=5\times 8-\dfrac{1}{2}\times 2\times 8-\dfrac{1}{2}\times 5\times 4-\dfrac{1}{2}\times 3\times 4$
$=40-8-10-6=16$

다른 풀이

$\triangle$ABC의 꼭짓점의 좌표가 A$(-1, 4)$, B$(-3, -4)$,
C$(2, 0)$이므로
$\triangle$ABC의 넓이 S는

$\dfrac{1}{2}\begin{vmatrix} -1 & -3 & 2 & -1 \\ 4 & -4 & 0 & 4 \end{vmatrix}=\dfrac{1}{2}\{(4+0+8)-(-12-8+0)\}$
$\qquad\qquad\qquad\quad =\dfrac{1}{2}(12+20)$
$\qquad\qquad\qquad\quad =16$

심화 문제
120~125쪽

01 $\dfrac{23}{6}$　　**02** 1　　**03** $a>0,\ b=0$　**04** $-\dfrac{3}{2}$

05 $\dfrac{1}{4}$　**06** $-\dfrac{5}{3}$　**07** $m<-\dfrac{1}{5}$　**08** $a=-5,\ b=1$

09 (1) $\left(\dfrac{2}{3},\ \dfrac{7}{3}\right)$ (2) $-6\leq b\leq 10$　**10** 3　**11** $-\dfrac{10}{3}$

12 $-\dfrac{2}{9}$　**13** 97　**14** (1) $\left(-\dfrac{7}{4},\ 0\right)$ (2) $\dfrac{7}{12}\pi$

15 $y=-x+1$　**16** $-\dfrac{1}{3}$　**17** -4　**18** 3

01 점 P(a, b)라 하면
$(\triangle$ABC의 넓이$)=\dfrac{1}{2}\times\{3-(-2)\}\times 4,\ \dfrac{3}{2}b=5$

$\therefore b=\dfrac{10}{3}$

직선 $y=-\dfrac{4}{3}x+4$ 위에 점 P가 있으므로 $\left(a, \dfrac{10}{3}\right)$을 대입

하면 $\dfrac{10}{3}=-\dfrac{4}{3}a+4,\ \dfrac{4}{3}a=\dfrac{2}{3}$

$\therefore a=\dfrac{1}{2}$

$\therefore a+b=\dfrac{1}{2}+\dfrac{10}{3}=\dfrac{23}{6}$

02 두 직사각형에서 각각의 두 대각선의 교점을 지나면 된다.
즉, 두 점 $(2, 2)$, $(-1, -2)$를 지나는 일차함수의 식은
$y=\dfrac{4}{3}x-\dfrac{2}{3}$ … ㉠
㉠의 양변에 3을 곱하고 정리하면 $4x-3y-2=0$
$\therefore a=3,\ b=-2$
$\therefore a+b=1$

03 $ax-by+3=0$의 그래프가 y축에 평행하려면 직선의 방정식은
$x=p(p$는 상수$)$ 꼴이어야 하므로 $b=0$
$ax-by+3=0$에서 $ax+3=0$, 즉, $x=-\dfrac{3}{a}$의 그래프가
제2, 3사분면만을 지나야 하므로
$-\dfrac{3}{a}<0$ $\quad\therefore a>0$

04 $y=-x+4$에 $y=6$을 대입하면 $x=-2$이고,
$y=-x-2$에 $x=2$를 대입하면 $y=-4$
$\therefore$ A$(-2, 6)$, B$(2, -4)$
따라서 두 점 A, B를 지나는 직선의 방정식은
$y=-\dfrac{5}{2}x+1$이고 $-\dfrac{5}{2}x-y+1=0$
$\therefore a+b=-\dfrac{5}{2}+1=-\dfrac{3}{2}$

05 일차방정식
$y-2=m(x-1)$의 그래
프는 한 점 A$(1, 2)$를 지
나고 $\overline{BC}$의 중점 $\left(3, \dfrac{5}{2}\right)$를
지나야 한다.

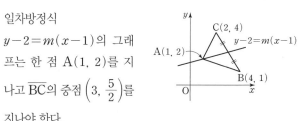

따라서 $\dfrac{5}{2}-2=m(3-1)$에서 $m=\dfrac{1}{4}$

06 $y=x+1$, $y=3x-2$를 연립하여 풀면 $x=\dfrac{3}{2}$, $y=\dfrac{5}{2}$

$y=ax+5$에 $x=\dfrac{3}{2}$, $y=\dfrac{5}{2}$를 대입하면 $\dfrac{5}{2}=a\times\dfrac{3}{2}+5$

$\therefore a=-\dfrac{5}{3}$

07 직선 $mx+y+1=0$은

$y=-mx-1$이고 점 $(0,-1)$을 지

난다.

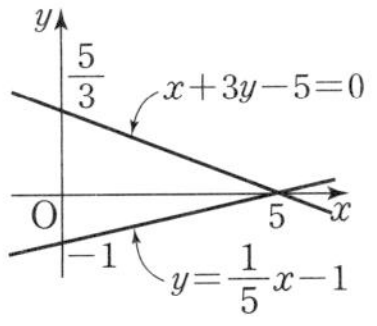

오른쪽 그림에서 두 점 $(0,-1)$,

$\left(0,\dfrac{5}{3}\right)$를 지나는 직선의 방정식은 $x=0(y$축$)$

두 점 $(0,-1)$, $(5,0)$을 지나는 직선의 방정식은

$y=\dfrac{1}{5}x-1$

두 직선 $x+3y-5=0$, $mx+y+1=0$의 교점이 제1사분면

에 있기 위해서는

$-m>\dfrac{1}{5}$ $\therefore m<-\dfrac{1}{5}$

08 두 직선의 교점을 P라 하면

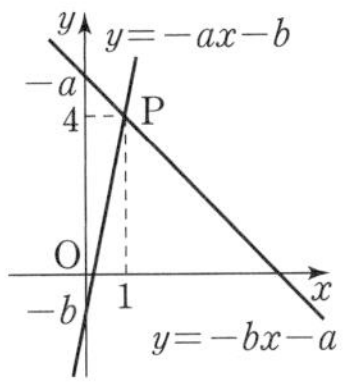

P$(1,-a-b)$

$\therefore -a-b=4 \cdots \bigcirc$

두 직선과 y축으로 둘러싸인 도형의

넓이는 $\dfrac{1}{2}\times1\times(b-a)=3$

$\therefore b-a=6 \cdots \bigcirc$

따라서 $\bigcirc$, $\bigcirc$을 연립하여 풀면

$a=-5$, $b=1$

09 (1) 직선 AC의 일차함수의 식은 $y=-x+3 \cdots \bigcirc$

직선 l이 $b=3$이면 $y=2x+3$이므로 y축으로 -2만큼

평행이동한 일차함수의 식은

$y-(-2)=2x+3 \cdots \bigcirc$

$\bigcirc$, $\bigcirc$을 연립하여 풀면 $x=\dfrac{2}{3}$, $y=\dfrac{7}{3}$

$\therefore$ 교점의 좌표는 $\left(\dfrac{2}{3},\dfrac{7}{3}\right)$

(2) $y=2x+b$의 그래프가 점 A$(3,0)$을 지나면 $b=-6$,

점 B$(-5,0)$을 지나면 $b=10$,

점 C$(0,3)$을 지나면 $b=3$이므로 b의 범위는

$-6\leq b\leq10$

10 $2x+3y=1$, $ax+y=-1$을 연립하여 풀면 $x=\dfrac{4}{2-3a}$

x의 좌표가 정수이므로 $2-3a=-4$, $2-3a=-2$,

$2-3a=-1$, $2-3a=1$, $2-3a=2$, $2-3a=4$

$\therefore a=2$, $\dfrac{4}{3}$, 1, $\dfrac{1}{3}$, 0, $-\dfrac{2}{3}$

따라서 양의 정수 a의 값의 합은 $2+1=3$

11 선분 AB의 중점의 좌표는

$\left(\dfrac{2+(-4)}{2},\dfrac{4+8}{2}\right)=(-1,6)$

$3x+y=6$에 평행하므로 $-\dfrac{a}{b}=-3$ $\therefore a=3b$

$a=3b$를 식에 대입하면 $3bx+by+5=0$이고,

$(-1,6)$을 대입하면 $-3b+6b+5=0$, $b=-\dfrac{5}{3}$

$a=3b=3\times\left(-\dfrac{5}{3}\right)=-5$

$\therefore a-b=-5-\left(-\dfrac{5}{3}\right)=-\dfrac{10}{3}$

12 $4x-2y+4=0$에서 $y=2x+2$,

$ax-y+a=0$에서 $y=ax+a$

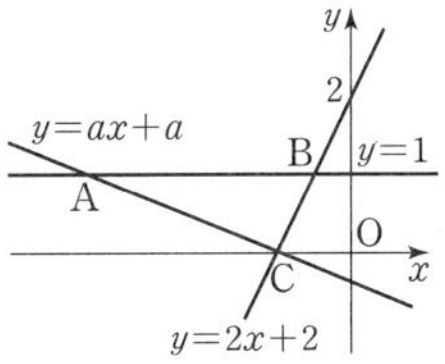

점 A의 좌표는 $ax+a=1$,

$x=\dfrac{1-a}{a}$ $\therefore$ A$\left(\dfrac{1-a}{a},1\right)$

점 B의 좌표는 $2x+2=1$, $x=-\dfrac{1}{2}$ $\therefore$ B$\left(-\dfrac{1}{2},1\right)$

점 C의 좌표는 $ax+a=2x+2$, $x=-1$ $\therefore$ C$(-1,0)$

$\therefore \triangle$ABC$=\dfrac{1}{2}\times1\times\left(-\dfrac{1}{2}-\dfrac{1-a}{a}\right)=\dfrac{a-2}{4a}=\dfrac{5}{2}$

$\therefore a=-\dfrac{2}{9}$

13 두 점 A, B를 지나는 일차함수의 식은

$y=-\dfrac{4}{7}x+4$ $\therefore$ E$\left(3,\dfrac{16}{7}\right)$

두 점 C, E를 지나는 일차함수의 식은

$y=\dfrac{23}{7}x-\dfrac{53}{7}$ $\therefore$ D$\left(\dfrac{81}{23},4\right)$

따라서 $a=\dfrac{81}{23}$, $b=\dfrac{16}{7}$이므로

$23a+7b=23\times\dfrac{81}{23}+7\times\dfrac{16}{7}=97$

14 (1) 직선 l은 점 A와 B를 지나므로 일차함수의 식은

$y=\dfrac{4}{3}x+\dfrac{7}{3}$ $\therefore$ C$\left(-\dfrac{7}{4},0\right)$

(2) $\dfrac{1}{3}\times1^2\times\left(\dfrac{7}{4}-1\right)\pi+\dfrac{1}{3}\times1^2\times\pi=\dfrac{1}{3}\left(\dfrac{3}{4}+1\right)\pi=\dfrac{7}{12}\pi$

15 점 B의 좌표를 $(a, 0)$으로 놓으면 색칠한 부분의 넓이는

$\dfrac{1}{4}\pi a^2 - \dfrac{1}{2}a^2$이므로

$\dfrac{1}{4}\pi a^2 - \dfrac{1}{2}a^2 = \dfrac{1}{4}(\pi - 2)$

$\dfrac{1}{4}(\pi - 2)a^2 = \dfrac{1}{4}(\pi - 2)$

$a^2 = 1$ $\therefore a = 1$

따라서 A$(0, 1)$, B$(1, 0)$을 지나는 일차함수의 식은

$y = -x + 1$

16 점 D에서 y축에 내린 수선의 발을

F라 하면

□FOCD = △CED

$\overline{OC} \times \overline{CD} = \dfrac{1}{2} \times \overline{CE} \times \overline{CD}$에서

$\overline{CE} = 2\overline{OC} = 12$

따라서 A$(0, 6)$, E$(18, 0)$이므로 기울기는 $\dfrac{0-6}{18-0} = -\dfrac{1}{3}$

17 두 점 A$(-1, 3)$, B$(4, 1)$을 지나는 일차함수의 식은

$y = -\dfrac{2}{5}x + \dfrac{13}{5}$ $\therefore$ D$\left(0, \dfrac{13}{5}\right)$

△ABC의 넓이는 10이므로 E$(4, a)$라 하면

$\triangle DBE = \dfrac{1}{2} \times (a - 1) \times 4 = 5$, $a = \dfrac{7}{2}$ $\therefore$ E$\left(4, \dfrac{7}{2}\right)$

두 점 D$\left(0, \dfrac{13}{5}\right)$, E$\left(4, \dfrac{7}{2}\right)$을 지나는 일차함수의 식은

$y = \dfrac{9}{40}x + \dfrac{13}{5}$

$-\dfrac{9}{8}x + 5y - 13 = 0$에서 $a = -\dfrac{9}{8}$, $b = 5$이므로

$8a + b = -4$

18 두 일차방정식의 그래프의 교점이 없으므로 두 그래프는 평행하다.

즉, $\dfrac{2}{1} = \dfrac{-m}{4} \neq \dfrac{12}{3n}$ $\therefore m = -8$, $n \neq 2$

두 일차방정식 $2x + 8y = 12$, $x + 4y = 3n$의 그래프의 y절편은 각각 $\dfrac{3}{2}$, $\dfrac{3n}{4}$이므로

$\dfrac{3n}{4} > \dfrac{3}{2}$ $\therefore n > 2$

따라서 자연수 n의 최솟값은 3이다.

---

01 5   **02** $(1, -1)$, $(-1, -1)$ **03** $y = -x + 6$

04 -3 **05** $\dfrac{5}{7} \leq k \leq \dfrac{3}{2}$ **06** $\dfrac{19}{2}$ **07** $\dfrac{63}{16}$

08 $-3 < a \leq -\dfrac{5}{2}$ **09** 2   **10** 13   **11** $-\dfrac{6}{7}$

12 C$\left(\dfrac{21}{5}, \dfrac{17}{5}\right)$ **13** 59   **14** 40   **15** $(5, -1)$

16 32   **17** 15   **18** 최댓값 : $\dfrac{7}{2}$, 최솟값 : -1

01 $x = -3k - 2$, $y = 2k + 4$를 $y = -x + 7$에 대입하면

$2k + 4 = 3k + 9$ $\therefore k = -5$

점 P$(13, -6)$을 지나고 y축에 수직인 직선의 방정식은

$y = -6$이다.

두 직선 $y = -6$, $x + 2y + 1 = 0$의 교점 Q의 좌표는

$(11, -6)$이다.

$\therefore a = 11$, $b = -6$이므로 $a + b = 5$

02 $3x - y - 7 = 0$의 그래프가 점 $(3, 2)$를 지나므로

(i) $ax - y + b = 0$가 $(3, 2)$를 지나고, $-ax - y + b = 0$가 $(0, -1)$을 지날 때, $a = 1$, $b = -1$

(ii) $ax - y + b = 0$가 $(0, -1)$을 지나고, $-ax - y + b = 0$가 $(3, 2)$를 지날 때, $a = -1$, $b = -1$

$\therefore (a, b) = (1, -1)$, $(-1, -1)$

03 직선 l의 일차함수의 식은 $y = x - 2$이므로 직선 l에 수직인 직선 m과 직선 n의 기울기는 -1이다.

B$(0, b)$, D$(0, d)$라 하면 직선 n의 일차함수의 식은

$y = -x + d$이고, 직선 m의 일차함수의 식은 $y = -x + b$이다.

A$(b, 0)$, C$(d, 0)$이고, 점 A는 직선 l 위에 있으므로

$0 = b - 2$에서 $b = 2$

$\therefore$ A$(2, 0)$, B$(0, 2)$

△OAB : □ACDB = 1 : 8이므로

△OAB : △OCD = 1 : 9

2 : △OCD = 1 : 9

$\therefore$ △OCD $= 18 = \dfrac{1}{2} \times d \times d$, $d^2 = 36$ $\therefore d = 6$

따라서 직선 n의 일차함수의 식은 $y = -x + 6$

04 직선 $8x - 6y - 2 = 0$을 일차함수로 표현하면

$y = \dfrac{4}{3}x - \dfrac{1}{3}$이다.

이 그래프 위의 점 중에서 y축의 오른쪽에 위치하려면

$x > 0$이다.

또한, y좌표인 $\dfrac{4}{3}x-\dfrac{1}{3}=\dfrac{4x-1}{3}$이 정수가 되기 위해서는

$4x-1$은 3의 배수가 되어야 한다.

조건을 만족하는 첫 번째 점의 y좌표 $a=\dfrac{4\times1-1}{3}=1$

조건을 만족하는 두 번째 점의 y좌표 $b=\dfrac{4\times4-1}{3}=5$

조건을 만족하는 세 번째 점의 y좌표 $c=\dfrac{4\times7-1}{3}=9$

따라서 $a+b-c=1+5-9=-3$

05 방정식 $kx-y-3=0$의 그래프는 항상 $(0, -3)$을 지나므로 주어진 네 직선으로 둘러싸인 도형과 만나려면 색칠한 부분을 지나야 한다.

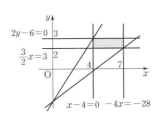

(i) $kx-y-3=0$의 그래프가 점 $(4, 3)$을 지날 때,

$4k-3-3=0$ $\therefore k=\dfrac{3}{2}$

(ii) $kx-y-3=0$의 그래프가 점 $(7, 2)$를 지날 때,

$7k-2-3=0$ $\therefore k=\dfrac{5}{7}$

따라서 (i), (ii)에 의해 $\dfrac{5}{7}\leq k\leq\dfrac{3}{2}$

06 점 A에서 x축에 수선을 내려 그 교점을 P라 하면

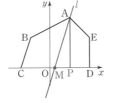

(사다리꼴 APDE의 넓이)

$=\dfrac{1}{2}\times(5+3)\times2=8$

(사각형 ABCP의 넓이)

$=\triangle ABP+\triangle BCP=\dfrac{1}{2}\times5\times4+\dfrac{1}{2}\times5\times3=\dfrac{35}{2}$

사다리꼴 APDE와 사각형 ABCP의 넓이의 차는 $\dfrac{19}{2}$이므로 구하는 일차함수의 x절편을 M$(k, 0)$이라 하면

$\triangle AMP=\dfrac{19}{2}\times\dfrac{1}{2}=\dfrac{1}{2}\times5\times(2-k)$ $\therefore k=\dfrac{1}{10}$

따라서 두 점 A$(2, 5)$, M$\left(\dfrac{1}{10}, 0\right)$을 지나는 직선 l의 기울기는 $\dfrac{50}{19}$이고 직선 l, m은 만나지 않으므로

직선 m의 방정식을 $y=\dfrac{50}{19}x+n$이라 하자.

직선 m이 점 $(19, 10)$을 지나므로 $n=-40$

점 $(a, -15)$를 지나므로 $-15=\dfrac{50}{19}a-40$ $\therefore a=\dfrac{19}{2}$

07 직선 l의 방정식은

$y=3x-10$

직선 m의 방정식은

$y=-5x+25$

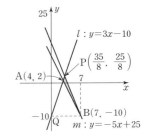

직선 l과 직선 m의 교점을 P라 하면 P의 좌표는 $\left(\dfrac{35}{8}, \dfrac{25}{8}\right)$

직선 l의 y절편을 Q라 하면 구하는 넓이는

$\triangle ABP=\triangle PQB-\triangle AQB$

$=\dfrac{1}{2}\times7\times\left(\dfrac{25}{8}+10\right)-\dfrac{1}{2}\times7\times(2+10)=\dfrac{63}{16}$

08 오른쪽 그림과 같이 세 직선으로 둘러싸인 도형의 내부 점 x좌표, y좌표가 모두 정수인 좌표는 $(1, 1)$, $(1, 2)$뿐이어야 한다.

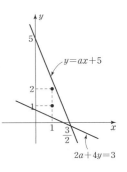

$y=ax+5$에 $(1, 2)$를 대입하면

$2=a+5$ $\therefore a=-3$

$y=ax+5$에 $(2, 0)$을 대입하면

$0=2a+5$ $\therefore a=-\dfrac{5}{2}$

따라서 조건을 만족시키기 위한 a의 값의 범위는

$-3<a<-\dfrac{5}{2}$

09 $a=\dfrac{3-4}{2-(-2)}=-\dfrac{1}{4}$이므로 직선 l의 일차함수의 식은

$y=-\dfrac{1}{4}x+b$

직선 l은 $(0, b)$, $(4b, 0)$을 지나고, 삼각형의 넓이가 8이므로

$\dfrac{1}{2}\times b\times4b=8$, $b^2=4$ $\therefore b=2\,(b>0)$

10 점 M의 좌표는 $\left(\dfrac{7+15}{2}, \dfrac{8}{2}\right)=(11, 4)$

$\triangle OAB=\dfrac{1}{2}\times15\times8=60$

점 C의 좌표를 $(a, 0)$이라 하면

$\triangle CAM=\dfrac{1}{2}(15-a)\times4=60\times\dfrac{2}{5}$ $\therefore a=3$

직선 CM의 방정식이 $x+my+n=0$이므로

$(11, 4)$, $(3, 0)$을 각각 대입하면

$11+4m+n=0$, $3+n=0$

두 식을 연립하여 풀면 $m=-2$, $n=-3$

$\therefore m^2+n^2=4+9=13$

11 $a>0$이므로 $y=-ax-b$의 그래프의 양 끝점의 좌표는
$(-3, 3)$, $(4, -6)$이다.
$y=-ax-b$에 $(-3, 3)$을 대입하면 $3=3a-b$ $\cdots$ ㉠
$(4, -6)$을 대입하면 $-6=-4a-b$ $\cdots$ ㉡
㉠, ㉡을 연립하여 풀면 $a=\dfrac{9}{7}$, $b=\dfrac{6}{7}$

$\therefore y=-\dfrac{9}{7}x-\dfrac{6}{7}$

$(-2, c)$를 $\dfrac{9}{7}x+y+\dfrac{6}{7}=0$에 대입하여 풀면 $c=\dfrac{12}{7}$

$\left(-2, \dfrac{12}{7}\right)$를 $mx+y=0$에 대입하여 풀면 $m=\dfrac{6}{7}$

$\therefore m-c=-\dfrac{6}{7}$

12 l : $A(3, 1)$, $B(5, 5)$를 지나는
직선의 방정식

$y=\dfrac{5-1}{5-3}(x-3)+1$

$\therefore y=2x-5$ $\cdots$ ㉠

m : $A(6, 1)$, $B(3, 5)$를 지나
는 직선의 방정식

$y=\dfrac{5-1}{3-6}(x-6)+1$

$\therefore y=-\dfrac{4}{3}x+9$ $\cdots$ ㉡

㉠, ㉡을 연립하여 풀면 $x=\dfrac{21}{5}$, $y=\dfrac{17}{5}$

$\therefore C\left(\dfrac{21}{5}, \dfrac{17}{5}\right)$

13 직선 AB의 일차함수의 식은

$y=-\dfrac{8}{7}x+\dfrac{5}{7}$이므로

(△ABC의 넓이)

$=\dfrac{1}{2}\times(5+5)\times(5+2)$

$=35$

△ABC의 넓이를 이등분하는
직선이 $\overline{BC}$와 만나는 점의 좌표를 $(5, k)$라 하면

$\dfrac{1}{2}\times(k+5)\times\left(5-\dfrac{5}{8}\right)=\dfrac{35}{2}$ $\quad\therefore k=3$

따라서 구하는 직선의 방정식은 두 점 $\left(\dfrac{5}{8}, 0\right)$, $(5, 3)$을
지나므로

$y=\dfrac{24}{35}x-\dfrac{3}{7}$

$24x-35y=15$ $\quad\therefore a=24$, $b=-35$

$\therefore a-b=24-(-35)=59$

14 $y=ax+b$와 $y=bx+a$를 연립하여 풀면 $x=1$이므로 두 직
선의 교점 C의 x좌표는 1이다.
$A(0, b)$, $B(0, a)$이고 삼각형 ABC의 넓이가 3이므로

$\dfrac{1}{2}\times(a-b)\times 1=\dfrac{3}{2}$ $\quad\therefore a-b=3$ $\cdots$ ㉠

또한 점 $C(1, 13)$은 직선 $y=ax+b$ 위의 점이므로
$13=a+b$ $\cdots$ ㉡
㉠, ㉡을 연립하여 풀면 $a=8$, $b=5$

$\therefore ab=40$

15 직선 l : $(x-3y+2)+k(x+y-4)=0$을 k에 대하여 정리
하면 $k=-\dfrac{x-3y+2}{x+y-4}$

그런데, (분모)$=x+y-4=0$일 때, $k=-\dfrac{x-3y+2}{0}$가

되므로 직선 l은 성립하지 않는다.
즉, 모든 k의 값에 대하여
$x+y-4=0$이 성립하지
않는다.
두 점 $P(1, -3)$,
$Q(-3, -5)$를 지나는
직선의 방정식은

$y=\dfrac{1}{2}x-\dfrac{7}{2}$

따라서 두 직선 $y=\dfrac{1}{2}x-\dfrac{7}{2}$, $x+y-4=0$의 교점의 좌표

$(5, -1)$은 직선 l과의 교점이 될 수 없다.

参考

직선 l : $(x-3y+2)+k(x+y-4)=0$은 k의 값에 관계없

이 점 $\left(\dfrac{5}{2}, \dfrac{3}{2}\right)$을 항상 지난다.

16 $\overline{AC}$에 대하여 $\overline{PA}+\overline{PC}$의 길
이의 최솟값은 [그림 1]과 같이
점 P가 $\overline{AC}$위에 놓여 있는 경
우이나.
마찬가지로 $\overline{BD}$에 대하여
$\overline{PB}+\overline{PD}$의 최솟값은 점 P가
$\overline{BD}$ 위에 놓여 있는 경우이다.
따라서 구하는 점 P는 [그림 2]
와 같이 사각형 ABCD의 대각
선의 교점이다.
(i) 두 점 A, C를 지나는 직선
의 방정식은
$y=3x-4$ $\cdots$ ㉠
(ii) 두 점 B, D를 지나는 직선의 방정식은

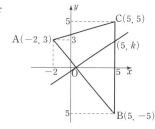
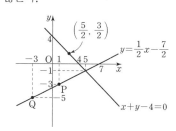
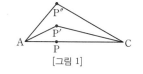

[그림 1]

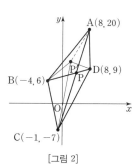

[그림 2]

$$y=\frac{1}{4}x+7 \cdots \text{ⓛ}$$

㉠, ⓛ을 연립하여 풀면 $x=4$, $y=8$이므로
구하는 교점은 P$(4, 8)$이 된다.
$$\therefore ab=4\times8=32$$

17 두 점 A와 B의 좌표를 A$(a, 2a+2)$, B$(b, b+3)$라 하자.
그러면 M$(6, 11)$이 $\overline{AB}$의 중점이므로 6은 A와 B의 x좌표
의 중간값이고 11은 A와 B의 y좌표의 중간값이므로
$$\frac{a+b}{2}=6, \quad \frac{(2a+2)+(b+3)}{2}=11$$
위 두 식을 연립하여 풀면 $a=5$, $b=7$
그러므로 두 점 A$(5, 12)$, B$(7, 10)$을 지나는 직선의 방정
식은 $y-12=\frac{12-10}{5-7}(x-5)$ $\quad\therefore x+y-17=0$
따라서 구하는 값은 $10\times1+5\times1=15$

18 직선 AB의 방정식은
$y=-2x+3$이므로
직선 $y=x$와 만나는 교점을
D라 하면 D$(1, 1)$이다.
또한 직선 AC의 방정식은
$y=-\frac{1}{3}x+\frac{14}{3}$이므로

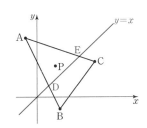

직선 $y=x$와 만나는 교점을 E라 하면 E$\left(\frac{7}{2}, \frac{7}{2}\right)$이다.

(ⅰ) $y\geq x$일 때 $[x, y]=x$이므로 x좌표의 최대, 최소를 구하
면 점 A에서 최소, 점 E에서 최대가 된다.
$$\therefore -1\leq[x, y]\leq\frac{7}{2}$$

(ⅱ) $y<x$일 때 $[x, y]=y$이므로 y좌표의 최대, 최소를 구하
면 점 B에서 최소, 점 E에서 최대가 된다.
$$\therefore -1\leq[x, y]<\frac{7}{2}$$

따라서 (ⅰ), (ⅱ)에 의해 $[x, y]$의 최댓값은 $\frac{7}{2}$이고
최솟값은 -1이다.

특목고 / 경시대회 실전문제   132~134쪽

01 32	**02** 305	**03** 112
04 $-\frac{71}{18}$	**05** 56	**06** 6
07 38	**08** $\frac{9}{5}$	**09** 10

01 그래프를 그려 보면 오른쪽 그림
과 같다.
자연수 n에 대하여
$a=3n-2$일 때 3개의 점,
$a=3n-1$일 때 3개의 점,
$a=3n$일 때 2개의 점이 $x=a$ 위에 있게 된다.

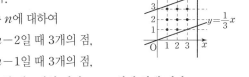

즉, a가 3의 배수가 될 때마다 8개의 점이 내부와 $x=a$ 위에
있게 된다. 따라서 $83\div8=10\cdots3$에서 $a=31$일 때 도형의
내부와 $x=a$ 위에 83개의 점이 있게 되므로 도형의 내부에
83개의 점이 있으려면 $a=32$가 되어야 한다.

02 주어진 조건에서 다음을 얻는다.
$$f(300)=305$$
$$f(301)=f(f(294))=f(299)=304$$
$$f(302)=f(f(295))=f(300)=305$$
$$f(303)=f(f(296))=f(301)=304$$
$$f(304)=f(f(297))=f(302)=305$$
$$\vdots \qquad \vdots \qquad \vdots \qquad \vdots$$
그러므로 $f(n)$을 다음과 같이 나타낼 수 있다.
$$f(n)=\begin{cases} n+5 & (n\leq300) \\ 304 & (n>300\text{인 홀수}) \\ 305 & (n>300\text{인 짝수}) \end{cases}$$
$$\therefore f(1004)=305$$

03 원점과 도형의 꼭짓점들을 지
나는 직선을 생각해 보면 구하
는 직선은 오른쪽 그림과 같다.
주어진 도형의 넓이가 13이고,
직선으로 도형이 갈라졌을 때,

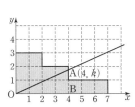

아랫부분의 넓이가 6.5이므로 구하는 점을 A$(4, k)$라 하면
AOB의 넓이는 3.5가 된다.
따라서 $\frac{1}{2}\times4\times k=3.5$이므로 $k=\frac{7}{4}$이다.
즉, 점 A의 좌표는 $\left(4, \frac{7}{4}\right)$이다.
따라서 도형을 이등분하는 직선의 방정식은 $y=\frac{7}{16}x$이므로
$a=16$, $b=7$
$$\therefore ab=16\times7=112$$

04 세 일차방정식의 그래프에 의해 좌표평면이 6개의 영역으로
나누어지려면 세 직선 중 어느 두 직선이 평행하거나 세 직선
이 한 점에서 만나야 한다.
$\frac{1}{2}x+y-\frac{1}{2}=0$에서 $y=-\frac{1}{2}x+\frac{1}{2} \cdots$ ㉠

$3x-y-4=0$에서 $y=3x-4$ ··· ㉡

$mx+y+2=0$에서 $y=-mx-2$ ··· ㉢

(i) ㉢과 ㉠이 평행할 때 $-\dfrac{1}{2}=-m$에서 $m=\dfrac{1}{2}$

(ii) ㉢과 ㉡이 평행할 때 $3=-m$에서 $m=-3$

(iii) ㉠, ㉡, ㉢ 그래프가 한 점에서 만날 때 ㉢의 그래프가

㉠과 ㉡의 그래프의 교점 $\left(\dfrac{9}{7},\ -\dfrac{1}{7}\right)$을 지나야 하므로

$\dfrac{9}{7}m-\dfrac{1}{7}+2=0$에서 $m=-\dfrac{13}{9}$

따라서 (i)~(iii)에 의해 모든 상수 m의 값의 합은

$\dfrac{1}{2}+(-3)+\left(-\dfrac{13}{9}\right)=-\dfrac{71}{18}$

05 $y=-\dfrac{5}{6}x$의 그래프를 y축의 양의 방향으로 1, 2, 3, 4, ···만

큼 평행이동한 그래프는 $y=-\dfrac{5}{6}x+n$의 꼴로 나타낼 수 있

고, 자연수 n의 값에 따라 a, b가 모두 자연수가 되는 (a, b)

의 개수를 조사하여 보면 다음과 같다.

$1\le n\le5$일 때, 0개

$6\le n\le10$일 때, 1개

$11\le n\le15$일 때, 2개

$16\le n\le20$일 때, 3개

$21\le n\le25$일 때, 4개

$26\le n\le30$일 때, 5개

···

따라서 자연수 n의 최댓값은 30, 최솟값은 26이므로

$M+n=30+26=56$

06 $-3\le x\le9$인 함수에서 $y=f(x)=f(x+3)$을 만족하는

x의 값을 구해야 한다.

(i) 직선 AB, BC 위에 x와 $x+3$이 있을 때와

(ii) 직선 BC, CD 위에 x와 $x+3$이 있을 때로 나누어서 x의

값을 구한다.

직선 AB의 방정식은 $y=\dfrac{4}{3}x$ ··· ㉠

직선 BC의 방정식은 $y=-2x+10$ ··· ㉡

직선 CD의 방정식은 $y=\dfrac{4}{3}x-10$ ··· ㉢

(i) ㉡에 x 대신 $x+3$을 대입하면 $y=-2(x+3)+10$이고,

이 식이 ㉠과 같으면

$\dfrac{4}{3}x=-2(x+3)+10$ ∴ $x=\dfrac{6}{5}$

(ii) ㉢에 x 대신 $x+3$을 대입하면 $y=\dfrac{4}{3}(x+3)-10$이고,

이 식이 ㉡과 같으면

$-2x+10=\dfrac{4}{3}(x+3)-10$ ∴ $x=\dfrac{24}{5}$

∴ $\dfrac{6}{5}+\dfrac{24}{5}=6$

07 변 BC와 변 AB에 대하여 각

각 점 Q와 대칭인 점을 찾아

보면 오른쪽의 그림과 같다.

또, P(3, 3), Q''(9, -2)를

지나는 직선과 $\overline{AB}$와의 교점

이 R이 되어야 하므로

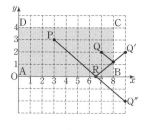

두 점을 지나는 직선의 방정식이 $y=-\dfrac{5}{6}x+\dfrac{11}{2}$이고,

점 R의 좌표는 $\left(\dfrac{33}{5},\ 0\right)$이다.

따라서 $m=5$, $n=33$이므로 $m+n=5+33=38$이다.

08 학교 A를 원점 (0, 0)으로 놓고 세

학교 B, C, D의 위치를 좌표평면 위

에 각각 나타내면 오른쪽 그림과 같다.

∴ B(2, 7), C(8, 1), D(6, 4)

문화공간센터의 위치를 P(a, b)라고

할 때, $\overline{PA}+\overline{PB}+\overline{PC}+\overline{PD}$의 값이

최소이려면 점 P가 $\overline{AD}$와 $\overline{BC}$의 교점이어야 한다.

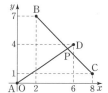

직선 AD의 방정식은 $y=\dfrac{2}{3}x$,

직선 BC의 방정식은 $y=-x+9$이므로

이 두 식을 연립하여 풀면 $y=\dfrac{27}{5}$, $y=\dfrac{18}{5}$

따라서 두 직선의 교점 P의 좌표는 P$\left(\dfrac{27}{5},\ \dfrac{18}{5}\right)$

∴ $a=\dfrac{27}{5}$, $b=\dfrac{18}{5}$　　∴ $a-b=\dfrac{27}{5}-\dfrac{18}{5}=\dfrac{9}{5}$

09 $\overline{BQ}=m$이라 하면 $\overline{AP}=2m$이고, 점 P, Q의 좌표는 각각

$(6+2m, 0)$, $(0, 18-m)$이다.

직선 AB의 일차함수의 식은 $y=-3x+18$

직선 PQ의 일차함수의 식은 $y=\dfrac{m-18}{2m+6}x+18-m$

이므로 $a=\dfrac{2}{7}(m+3)$, $b=\dfrac{6}{7}(18-m)$이고,

$\triangle APR=\dfrac{6}{7}m(18-m)$, $\triangle BQR=\dfrac{1}{7}m(m+3)$

$\triangle APR=3\triangle BQR$이므로

$\dfrac{6}{7}m(18-m)=\dfrac{3}{7}m(m+3)$에서 $m=11$

따라서 $a=4$, $b=6$이므로 $a+b=10$

Memo

Memo

중학수학

절대강자

정답 및 해설

최상위

펴낸곳 (주)에듀왕
개발총괄 박명전
편집개발 황성연, 최형석, 임은혜
표지/내지디자인 디자인뷰
조판 및 디자인 총괄 장희영
주소 경기도 파주시 광탄면 세류길 101
출판신고 제 406-2007-00046호
내용문의 1644-0761

⚠ 주 의
• 책의 날카로운 부분에 다치지 않도록 주의하세요.
• 화기나 습기가 있는 곳에 가까이 두지 마세요.

KC마크는 이 제품이 공통안전기준에 적합하였음을 의미합니다.